本书由2018年度教育部哲学社会科学研究后期资助重大项目《“五维一体”的中国海洋发展战略选择研究》（18JHQ011）资助。

中西方经典战略理论中的文化思维

牛佳宁　刘　洋　韩　庆　著

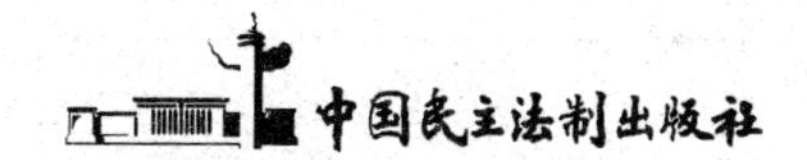

图书在版编目（CIP）数据

中西方经典战略理论中的文化思维/牛佳宁，刘洋，韩庆著．—北京：中国民主法制出版社，2022.10

ISBN 978-7-5162-2981-1

Ⅰ．①中…　Ⅱ．①牛…　②刘…　③韩…　Ⅲ．①海洋战略—对比研究—中国、西方国家　Ⅳ．①P74

中国版本图书馆 CIP 数据核字（2022）第 200420 号

图书出品人： 刘海涛
责 任 编 辑： 庞贺鑫　张雅淇

书名/中西方经典战略理论中的文化思维
作者/牛佳宁　刘　洋　韩　庆　著

出版·发行/中国民主法制出版社
地址/北京市丰台区右安门外玉林里 7 号（100069）
电话/（010）63055259（总编室）　63058068　63057714（营销中心）
传真/（010）63055259
http：// www. npcpub. com
E-mail：mzfz@ npcpub. com
经销/新华书店
开本/32 开　880 毫米×1230 毫米
印张/6. 25　**字数**/113 千字
版本/2023 年 1 月第 1 版　2023 年 1 月第 1 次印刷
印刷/三河市宏图印务有限公司

书号/ISBN 978-7-5162-2981-1
定价/36. 00 元

本书由2018年度教育部哲学社会科学研究后期资助重大项目《“五维一体”的中国海洋发展战略选择研究》（18JHQ011）资助。

目录

第一章

文化思维与战略

文化思维决定历史特点，历史特点决定战略指导，进而影响历史进程。本章探讨了文化思维对战略的决定性影响，提出了战略的定义，论述了战略与政治政策、经济、军事、外交、地缘及精神等诸要素之间的关系，以期对文化作用与战略本质进行一些有益探索。

一、文化思维决定历史特点，指导战略发展

文化是思维的决定性因素，因此思维本质就是文化思维。

历史与文化是社会发展的基石，有文化才有历史，历史与文化作用于上层建筑，之后才有经济，乃至军事，所以欲研究国家战略问题必先研究历史与文化。历史的规律性与文化的传承变化不大，变的是时代、环境、技术与人物。

中国历史大师钱穆在其著作《中国历史研究法》中提到："无文化便无历史，无历史便无民族，无民族便无力量，无力量便无存在。所谓民族争存，底里便是一种文化争存。所谓民族力量，底里便是一种文化力量。"作为文化的直接体现——

历史，是一种经过检验的普遍性经验，文化为基石，历史为主要方法论，文化体现在历史中。而战略，是一个国家民族生存的指导方针和策略，战略的合理与否，直接关系一个国家民族的成败，战略归根结底是受文化制约，并以历史为指导，有什么样的文化，就有什么样的历史，就会孕育出什么样的战略模式，从而决定一个国家民族的未来走向。①

借鉴历史谋战略，欲明战略学精髓，必先通晓历史规律、了解文化思想史。经典战略学家的研究一般都以历史学与思想史为基础，甚至可以说，他们对历史学与思想史的造诣比战略学更深入。因此，凡从事战略研究的学者必须首先探索战略思想史的发展与内涵，当今世界上的诸多问题，大致说来，几乎都与东西方的思想传统和历史经验有密切的关系。②

我们需要注意的是，“历史是伟大的教师”，但历史不可以死记硬背，一定要加上自己的见解。不要用现在的眼光和思维定式去看历史事件，没有用历史的眼光去看当时的历史，没有把自己放在历史中去细细体悟，这样得出的结论就缺少说服力，有失偏颇，甚至得出错误结论。技术条件和历史局势的演变是历史走向的重要组成部分，不能割裂开来。

---

① 刘洋、牛佳宁：《历史视角下国家战略理论创新研究》，载《大连海事大学学报（社会科学版）》2017 年第 2 期。

② 刘洋、牛佳宁：《历史视角下国家战略理论创新研究》，载《大连海事大学学报（社会科学版）》2017 年第 2 期。

二、战略的定义

战略一词是一个高度弹性的概念，不同时代，不同立场，有着不同的解读。战略问题繁杂晦涩，涉及面广，是一个体系性、综合性强的科学。战略问题讲究逻辑思维，需要讲道理，明事理，形成缜密体系。

德国19世纪军事家克劳塞维茨认为战略是为了达到战争目的而对战斗的运用，他把战略限定在战争范围内，或者说他阐述的是军事战略的含义。究其原因，克劳塞维茨所著的《战争论》是一部战争法典，他更关注的是战斗、会战，而非战略本身，强调的是如何具体地战胜敌人，尔后升华到战争与政治经济的关系，并探讨了战略对战争“隐姓埋名”的贡献。可以说，克劳塞维茨对战略的定义有其历史与时代的局限性。

英国人李德·哈特在批判克劳塞维茨“战略”定义狭窄的基础上，提出战略是分配和运用军事工具，以达到政策目的的艺术的概念。第一次世界大战期间，德国及相关国家对克劳塞维茨战争理论的片面理解与机械奉行，造成了巨大的伤亡，引发了军事战略界的反思。李德·哈特总结原因，认为会战不是获得战略性胜利的唯一手段，战略封锁、交通战、经济战等多种手段才是协约国集团获胜的根本原因，因此李德·哈特给出的战略定义就扩大了战略的范畴，并明确上升到政策的层面，但这个定义仍然局限在军事的范围内。

中国兵家圣典《孙子兵法》，历经2500多年，其思想精髓仍有鲜活的生命力。“夫未战而庙算胜者，得算多也；未战而庙算不胜者，得算少也。多算胜，少算不胜，而况于无算乎！”讲述了在战略规划上保证胜利的重要性。“故上兵伐谋，其次伐交，其次伐兵，其下攻城。”讲述了战略是智慧的运用，是斗智之学，战略的精髓在于以最小代价获得最大的胜利。“非利不动，非得不用，非危不战。主不可以怒而兴师，将不可以愠而致战。合于利而动，不合于利而止。怒可以复喜，愠可以复悦，亡国不可以复存，死者不可以复生。故明君慎之，良将警之，此安国全军之道也。”讲述了战略上必须“慎战”的道理，战与不战的关键在于国家利益得失与外部危机的程度，“利、得、危”是战与不战的重要标杆。战略问题是一个平静合理的抉择过程，不是冲动的结果，也可以说，战略是重理、重利不重情的科学。

克劳塞维茨、李德·哈特、孙武对于战略的阐述，有两个共同点，一是都承认战略对于军事作战的指导性作用；二是都将战略观念用于军事范畴。其实直到第二次世界大战结束时，对于战略一词的定义仍以战争和军事为范围。但战争与和平是不可分的，战争的目的是达到政治上的目标，也就是为了达到经济等诸多国家利益的划分与界定，并通过条约的模式确立此利益划分，建立新秩序，从而达到和平的目的，战略的内涵非常有必要扩大和加深。

因此，本文给出的战略定义是：“战略是运用一国综合国力，通过与政治、经济、军事、外交及地缘等关系，达到国家政策各项目标的一门艺术和科学。”现代的战略对决实际上已经演变成了“总体战”，是战略与多重要素共同作用的结果。[①]

三、战略的境界

本文给出的战略定义属于国家战略的范畴，是国家力量与国家利益的体现，是多种手段的协同使用，以达到国家的政策目标。该定义超出了军事领域，由军事战略上升到国家战略，但以军事战争为重要手段。在这里，笔者说明一下“战略”、“大战略”和“国家战略”的异同。

传统上，将“战略”限定在军事领域，而李德·哈特将军事领域之外的战略称为“大战略”。李德·哈特在总结了第一次世界大战参战双方阵营惨痛教训的基础上，扩大了战略内涵，提出“大战略”的概念。其大战略阐述如下：大战略的任务为协调和指导所有的国家资源，以达到战争的政治目标；军事力量仅为大战略工具之一种，大战略更应考虑使用政治压力、外交压力、商业压力、道义压力，以减弱对方意志；战略的眼界仅以战争为限，大战略的视线则必须超越战争而看到战后的和平。[②]

李德·哈特的“大战略”思想有其深刻的历史背景，第一次世界大战交战双方痴迷强兵会战的思想造成了惨重的伤

---

① 刘洋、牛佳宁：《历史视角下国家战略理论创新研究》，载《大连海事大学学报（社会科学版）》2017 年第 2 期。

② 钮先钟：《西方战略思想史》，广西师范大学出版社 2003 年版。

亡，但在陆地上，交战双方都没能取得决定性结果，反而是英国对德国的海上封锁产生了重大作用，最后德国水兵起义，德意志第二帝国轰然倒塌。但获得胜利的同时，英国也笑不出来，因为第一次世界大战表面上是打垮了德国为首的集团，实际上却是打垮了英国的世界霸权，英国人赢得了战争，却输掉了世界。究其原因，是因为英国为了争取这些胜利，付出了极大的代价，导致它战后无力巩固自己的地位。[①] 李德·哈特认为，战争的目的是获得和平，一个国家把它的力量用到匮竭的阶段，结果必然会使它的未来政策破产，假使你只是专心集中全力去追求胜利，而不想到它的后果，那么你就会精疲力竭，而得不到和平的实惠。[②] 李德·哈特这段话对第一次世界大战交战双方都适用，他认为使用非军事手段是最经济最有效的获胜手段，既能享受战争红利，又能获得战后较好的政治果实。“大战略”的核心思想其实是：以政治、经济、外交等非军事手段为主，军事手段为辅，以取得最终胜利，并获得较好的战后和平。

李德·哈特称“大战略”为最经济的战略，其实不然，第一次世界大战德国的失败不仅仅是封锁这么简单。德国近19%的国家收入来自出口，但其中只有20%是来自与欧洲之外地区的贸易；而且，德国只有10%的国家财富是海外投资

---

① 刘洋、秦龙：《战略学和历史学视角下的国家海洋战略研究》，载《大连海事大学学报（社会科学版）》2015 年第 1 期。

② ［英］李德·哈特：《战略论：间接路线》，钮先钟译，上海人民出版社 2010 年版。

（与之相比，英国为27%），而海外投资的收益只占国家收入的2%，[①] 德国所需的重要原材料既可以通过同盟国和占领区的巨大资源补给，也可以通过中立邻国获得，还可以通过替代品技术获得。真正使德国崩溃的是规模巨大的军事行动大量消耗了青壮劳动力，以及德国对农业生产的忽视造成的后果，所以，德国失败归根结底是输在不重视粮食生产上，第一次世界大战期间德国远比李德·哈特想象的强大。而英国的海上封锁也使其付出了巨大的代价，重金打造的英国大舰队蹲守在苏格兰北部的斯卡帕湾，以对付和封锁德国强大的公海舰队，德国的无限制潜艇战差一点就绞杀了英国的海上贸易线，若不是美国及时参战，英国的战略储备只能维持不到4周的时间。如果英国在美国军队到达西线之前不得不妥协的话，德国的一次终极军事进攻就可能赢得战争。[②] 英国最终胜利的方式并不经济，战争期间的巨额花费，耗垮了英帝国的全部活力，直接动摇了英国的世界霸主地位。

可以说，李德·哈特过分夸大了英国封锁战略的成功性与经济性，其“大战略”思想过于弱化军事作用，转而强调其他手段，矫枉过正，其不流血仅靠围堵就击败对手的思想只是部分正确，过于绝对化。

“国家战略”思想的最终目标是追求和平，这种和平不是四

---

① ［英］保罗·肯尼迪：《英国海上主导权的兴衰》，沈志雄译，人民出版社2014年版。

② ［美］乔治·贝尔：《美国海权百年：1890—1990年的美国海军》，吴征宇译，人民出版社2014年版。

海升平、刀枪入库的和平，而是一种动态的和平，是对有利于自身或既得利益的巩固与国际社会的认同度，是攻与守的平衡，归根结底是符合自身利益又兼顾国际社会诸元利益的一种动态平衡的和平。“国家战略”思想强调使用多种手段，运用综合国力，以达到政治政策目标。“国家战略”思维是综合性思维、全局性思维、长远性思维，更是进取性思维、创造性思维，善于求变，善于寻找动态的平衡，这才是战略思维具有强大生命力的核心。[①]

四、战略与诸要素之间的关系

（一）战略与政治政策的关系

政治者，势也。势高，则围广；势卑，则围小。凡物一旦成势，则无坚不摧。政治是一个国家上层建筑的根本，是国家政府的魂魄。而战略是政治的具体体现，不管是军事战略、大战略还是国家战略都不能超出政治框架，但政治目标也是变化的，战略要跟得上、配合好政治目标的变化。有必要强调的是，政策、政略都是政治思想的具体执行，从历史上看，三者在相当程度上指的都是同一类概念。中国战略家蒋百里在其著作《国防论》中提到，政略定而战略生焉，战略定而军队生焉。[②] 政治决定战略，有什么样的政治就有什么样的战略。

英国杰出的海洋战略思想家李奇蒙指出，虽然技术的辩论

---

① 刘洋、牛佳宁：《历史视角下国家战略理论创新研究》，载《大连海事大学学报（社会科学版）》2017 年第 2 期。

② 蒋百里：《国防论》，岳麓书社 2010 年版。

可能非常有力，但政策的辩论也许更为有力。而就长远来看，政策的错误要比战略的错误、战略的错误要比战术的错误、战术的错误要比技术的错误，具有较深远的影响。[①]

李奇蒙这段话中的“政策”，指的就是“政治政策”；“战略”指的是“军事战略”。但笔者看来，将“军事战略”上升到“国家战略”，李奇蒙的这段话也仍然正确；至于“战术”与“技术”二词，就是其本身意思，不需要解读。这样，按影响力来划分，从上至下就是这个顺序：国家政治政策、国家战略、战术和技术。在“国家政治政策”大方向确定的前提下，“国家战略”的与时俱进与否，是关系国家前途的最重要要素。

正确的政治政策是正确战略的基础，以军事战略为例，其主要表现形式——战争与政治政策的关系最具代表性。战争是政治的延续，克劳塞维茨说，政治贯穿在整个战争中，各种力量在所允许的范围内对战争不断产生影响。[②] 战争不是冲动的结果，而是政治利益抉择的结果，在政治框架内，战争的消耗会一直进行到政治目标达到为止；但同时，当战争消耗超过了政治利益目标时，国家就会对政治目标进行调整，会果断议和从而结束战争。

瑞士裔法国将领约米尼[③]在《战争的艺术》一书中提到，

---

① 钮先钟：《西方战略思想史》，广西师范大学出版社2003年版。

② ［德］克劳塞维茨：《战争论》（第一卷），中国人民解放军军事科学院译，解放军出版社2005年版。

③ 因翻译不同，有的称“约米尼”，有的称“若米尼”，本书正文采用钮先钟《西方战略思想史》中的翻译“约米尼”。——笔者注

必须保证在战局中确定的政治性作战目标与战略原理保持一致。[①] 政治目标要切合实际，不能超出军事的能力，而要求战争所做不到的事情。同时，政治要有一定的耐性，在政治政策目标确定的前提下，应当给予军事指挥官最大的自主权以实现政治军事目标，而不应在战局未明了之前，用政治眼光来干涉军事行动，这样做的结果往往是苦涩的。政治一经决定，一段时间内就交由军事手段在政治的框架下去自主发挥，《孙子兵法》中提到，将能而君不御，[②] 只要战争不超出政治框架就行。在选择政治性作战目标时，我们应该服从战略要求，在军队以武力还没有解决战争之前的最主要问题，就是这个问题。[③]

在这里，还需要注意军事战略或战争对政治的反作用，这种反作用基本上是一种负面作用。政治与战略关系，须明确其界线，因为若颠倒的话，它足以鼓励军人们，提出荒谬的要求，认为政策应该向他们的战略低头。[④] “九一八事变”至第二次世界大战期间，日本军部绑架政府，军人决定政治，将日本推上了不切实际的泛亚及太平洋战争轨道，从而给日本和亚洲各国人民带来了灾难性的后果，就是李德·哈特这句话的真实写照。因此，军事目标必须受政治目标的控制，不可混淆。

---

① ［瑞士］若米尼：《战争的艺术》，盛峰峻译，武汉大学出版社 2014 年版。

② 蒋百里、刘邦骥：《孙子浅说》，武汉出版社 2011 年版。

③ ［瑞士］若米尼：《战争的艺术》，盛峰峻译，武汉大学出版社 2014 年版。

④ ［英］李德·哈特：《战略论：间接路线》，钮先钟译，上海人民出版社 2010 年版。

总而言之，政治决定战略；战略是政治的具体体现；正确的政治决定正确的战略；政治目标不能超出战略能力；在政治框架内，要给予战略充分的主动性与忍耐力；政治目标变化时，战略要适配此种变化；警惕战略凌驾于政治之上的这种负面反作用。[①]

（二）战略与经济的关系

战略的成功与否有两个先决条件：一个是财富，另一个是军事实力，二者相辅相成，不可或缺。欲有效维护国家利益，顺利实施国家战略，经济是决定性基础、军事实力是根本保障。蒋百里说，战斗力与经济力之不可分。[②] 这句话可以说是中国近现代以来血的经验总结。经济力和战斗力，二者加在一起即为综合国力，其三个组成要素分别是："人""物""组织"。[③] 当今世界三个要素全部具备的是美国和中国；有"人"，有"组织"，而缺少"物"的，是德国、法国及日本；有"人"，有"物"，而缺少"组织"的，是俄国、印度等国。从这个角度说，中国实际上已经跻身世界一流国家行列，完成了数辈人的梦想。战略的基础是综合国力，即为经济力与战斗力，在这里先讨论战略与经济的关系。

战略与经济相辅相成，经济是战略顺利实施的基础，强大的经济可以使一个国家变成领袖国家，同盟国或友好国家就

---

① 刘洋、牛佳宁：《历史视角下国家战略理论创新研究》，载《大连海事大学学报（社会科学版）》2017 年第 2 期。

② 蒋百里：《国防论》，岳麓书社 2010 年版。

③ 蒋百里：《国防论》，岳麓书社 2010 年版。

多，国家战略模式选择多样化，更易达到政治目标。第一次世界大战前后的美国通过强大的经济实力，奠定了世界强权的地位，直接和英国平起平坐；第二次世界大战前后的美国，通过其更加强大的经济实力，同时应对欧洲、太平洋、亚洲等多个战场的作战，起到了重要作用，战后取代英国成为世界霸主，国家经济的发展达到了前所未有的地步。可以说，经济的极大发展促成了 20 世纪美国国家战略的成功。

同时，战略的发展对经济也起至关重要的作用，抑或促使经济良性发展，抑或耗垮经济。第一次世界大战前，英国一直奉行“大陆均势，海上积极拓展”的策略，获得巨大成功，英国成为日不落帝国，拥有世界霸权近百年，英镑成为世界储备货币，经济霸权同样为英国所有。英国在积极介入欧洲大陆事务参加了第一次世界大战和第二次世界大战之后，让出了世界霸主的位置，因为，两次世界大战极大消耗了英国国力，使英国在战后无力继续维持其全球利益，英国战略发展的变化重创了其经济的可持续性，从而动摇了根本。俾斯麦时代的德国，一直奉行“均势政策、抑法政策”，通过三次有限战争统一了德国，让德国经济获得爆发式增长。德皇威廉二世罢免了俾斯麦之后，国家战略变成了海陆全面出击的扩张政策，从而海上加深了与英国的矛盾，陆上加深了与俄法的矛盾，[①] 直接导致德国挑战欧洲霸权与世界霸权的双重失败，让德国经济总破产，第一次世界大战前，德国国家战略的变化也动摇了国家

---

① 刘洋、秦龙：《战略学和历史学视角下的国家海洋战略研究》，载《大连海事大学学报（社会科学版）》2015 年第 1 期。

经济的发展。

生活条件与战斗条件一致则强，相离则弱，相反则亡。[①]我们可以改编一下蒋百里的这句经典名言，就得到了战略与经济关系的总论述：经济与战略一致则强，相离则弱，相反则亡。经济与战略相互促进，则国家必强，如20世纪的美国；经济与战略步调不一致，过于强调经济或过于强调战略，则国家走向衰弱，如17世纪路易十四时期的法国；经济与战略发展路线相反，无经济条件而强推战略或无战略条件而强推经济，国家必亡，如“第二次世界大战”后的苏联及中国的北宋。[②]

经济与战略发展不协调，没有形成经济与战略的良性循环，则国家的强盛必然不会持久，将不可避免地走向衰弱。

“太阳王”路易十四雄才大略，当他在1661年开始掌政时，法国已经濒临破产。路易十四凝聚了法国各阶层的力量，通过促进商业的发展、货币的流通等措施，大力发展经济，提升法国的国力。路易十四又大力发展法国的海军，争取海权，短短十年，法国便凭借着强大的经济实力，使法国海军迅速超过了英国皇家海军。路易十四通过一系列的改革，从而使法国成为当时欧洲最强大的国家，使法语成为两个世纪里整个欧洲外交和上流社会的通用语言，使他自己成为法国史上最伟大、也是世界史上执政最长久的君主之一。但后来，法王路易十四由于“陆权思维”的历史惯性，法国

---

① 蒋百里：《国防论》，岳麓书社2010年版。

② 刘洋、牛佳宁：《历史视角下国家战略理论创新研究》，载《大连海事大学学报（社会科学版）》2017年第2期。

先后发动了三次欧陆大规模战争，战争虽然取得了一定的胜利，但耗垮了法国的经济。在路易十四执政的后期，从力量上看，法国海军已经不再是曾经的那支令人生畏的海军了，制海权拱手让给了英国人，进一步导致了法国财政的枯竭。路易十四时期的法国，国家战略的反复无常，导致了其经济与国家战略发展上的不协调，其结果竟如此触目惊心。“太阳王”路易十四，就是在这种自己一手缔造的辉煌，又是自己一手毁掉的懊悔当中溘然离世，对法国乃至世界历史产生了深远影响。

第二次世界大战后，世界格局迅速进入“美苏争霸”的模式。初期，美国凭借强大的综合国力和第二次世界大战巨大的政治与经济获利，迅速占据了上风。但美国历经朝鲜战争、越南战争后，极大地消耗了国力，到尼克松时期，美国内外交困，走上下坡路，在美苏争霸中转入低谷。这时的苏联，表面上风光无限，实际上，在常年的美苏争霸中也已经消耗巨大，呈“强弩之末”的态势。但勃列日涅夫不顾苏联经济极其孱弱，而美国经济机制仍然健全，只是暂时处于守势，假以时日美国会再次重回世界巅峰的事实，趁着美国沉寂，强推苏联全球争霸的战略，加紧争夺美国衰退留下的战略空间。苏联大力扩军，在亚洲与中国势同水火，战争一触即发，在欧洲也是与北约寸土必争。1979 年 12 月，苏联入侵阿富汗，是其国家战略脱离实际的“顶峰”。至此，苏联的国家战略与经济发展彻底背道而驰，持续 10 年的阿富汗战争，榨干了苏联的最后一丝“气血”。1991 年 12 月 25 日，苏联终于在国内经济彻底崩溃和世界大国的推手之中，轰然倒塌。第二次世界大战后的苏联，不顾其国民经济薄弱的事实，大力投资军工和石油产业，产业链单一，而政府高层又野心勃勃，积极推进苏联的全球战略，彰显武力，投身于美苏争霸之中。尤其是20世纪70年代，在美国战略收缩的前提下，苏联没有做好休养生息，而是积极拓展，不合时宜地发动了“阿富汗战争”，终于以轰然解体而告终。苏联就是战略与经济发展路线相反，无经济条件而强推战略实施的典型，最终招致国家解体。

而中国古代时期的北宋，则是战略与经济发展路线相反，无战略条件而强推经济发展的典型，最终招致国家灭亡。

北宋时期，是中国历史上经济、文化、教育最繁荣的时代，达到了封建社会的巅峰。宋朝的经济繁荣程度前所未有，农业、印刷业、造纸业、丝织业、制瓷业均有重大发展。航海业、造船业成绩突出，海外贸易发达，和南太平洋、中东、非洲、欧洲等地区50多个国家通商。但北宋空有强大的经济能力，而战略进取心则非常不足。北宋时期，宋廷一直采取重文轻武的施政方针，导致军事体制上的孱弱。

北宋建国初年，在战略上有一个巨大的短板：北方的“燕云十六州”在契丹人的辽国手里，没有“燕云十六州”在地理上的屏护，从辽国的南京（幽州，今北京城）出发到北宋的汴京（今开封），无险可守，一马平川，特别适合辽国强大的骑兵兵团作战，宋朝的都城即是前线，战略形势十分凶险。宋太宗赵光义为争夺“燕云十六州”，趁着刚灭北汉之余威，北进幽州，意图以闪击战夺取“燕云十六州”这个战略要地，但在幽州城南的高梁河之战中，宋军惨败。高梁河之战是辽宋战略形势的重要转折点，直接造成了宋军日后的连战连败，到宋辽澶渊之盟时，宋对辽已完全处于守势。在这样的战略形势下，宋朝不思革新进取，重夺“燕云十六州”，而是实行了“绥靖政策”，先是对辽国送岁币等贡品，后是对西夏和金国送岁币等贡品。宋朝意欲通过对当时军力强大的少数民族政权赏赐钱和物来彰显宋朝皇帝的恩德，感化“蛮夷”，使其自愿前来臣服，以达到边疆安宁的目的。当时宋朝朝廷的战略理念是：以信义为重，蛮夷之心不敢轻侮，故边患少；边患少，故民力纾；民力纾，故人心安；人心安，故兵威强；所以能坐制边徼而不自敝。以这样的态度来保护国家安全，维护社会安定无异于“痴人说梦”。

北宋一朝空有强大的经济力，而战略上却极端保守，为了防备武将篡权而设置的政治军事体制，严重制约了宋朝军队的正常发展和作战，更加不利的是地理上的战略劣势，实际上使都城拱于敌前。不采取“进取式战略”根本不可能自保，必须把强大的经济力转化为战斗力，北宋才能长治久安。但可惜的是，北宋时期的朝廷恰恰就是奉行“保守”战略，甚至到了不惜以牺牲经济利益而取悦战略对手的地步，怎能不亡国呢？至于后来的“靖康之难”，王室贵族受辱，百姓遭难，国土沦丧，实在是其经济与战略关系相悖造成的恶果。

战略与经济，两者相辅相成。经济的强大与否，直接影响一个国家的战略模式，经济强，则可进；经济弱，则须守，一进一退，战略模式天壤之别。强大的经济是一个国家战略顺利实施的基础，强大的经济往往对应着强大的物力与财力，这是战略不可或缺的因素，两次世界大战中的美国，其军事战略的采用和施行，与其经济和生产发展状况相适应。美国强大的经济尚未转变为物力与财力之时，军事战略采取守势，“苦撑待机”，强大的经济转化为强大的物力与财力之时，战略随即转为攻势。第二次世界大战，美国在经济与战略间做得很好，获得了巨大的成功，美国的总体政治目标也顺理成章地得以实现。

同时，战略目标的制定与有效发展，对经济也起着至关重要的作用，适合经济基础的战略目标易于实现，可以促使经济良性发展；脱离经济基础的实际，强推其战略目标实施，往往因为“摊子”铺得太大，战略任务过于宏大，而损害经济的发展，甚至耗垮经济的可持续性。战略与经济的发展，应该协调一致、相得益彰，只有这样，一个国家的综合国力才能真正强大。

（三）战略与军事的关系

战略发展的另一个依托是军事实力。军事斗争是战略实现的一个重要手段，军事斗争有三类，分别是军事威慑、有限战争和全面战争。战略最常使用的手段是军事威慑，强大军力在热点地区及利益攸关区的出现，往往可以收到良好的效果，从而达到战略目的，这种情况出现最为普遍，最常见的是大国威慑小国，但小国也可以反过来威慑大国，通过增加大国介入的成本与危险，从而吓阻大国的干涉。军事威慑没有取得预期效果，自身利益受到严重挑战，在政治的框架下，国家战略就很可能选择有限战争，有限战争控制得好的话，也可以收到良好效果；若控制得不好，则可能变成战争泥潭，这种情况经常出现在大国与小国的对抗，或者大国之间的对抗，但其中一方力量投射过远的情形下。全面战争，是战争的最后模式，军事威慑、有限战争都不能解决问题，国家利益之间的矛盾不可调和，爆发全面对抗，往往是多个国家之间的混战，是风险最大但受益也最大的模式，可能从根本上解决问题，但也很可能劳而无功或彻底失去既得利益，是最应慎重选择的模式。

克劳塞维茨说，人们如果不知道用战争要达到什么以及在战争中要达到什么（前者是目的，后者是目标），那么就不能开始战争，或者就不应该开始战争。[①] 这句话表明了战略对军事战争的指导关系，正确的战略决定正确的军事，军事斗争的成败往往在战略规划上就已经决定了；譬如美日中途岛海战，日本在战略上的一系列失误而造成的战略分兵是日军失败的主要原因。战略的精髓就是要设法使敌人丧失平衡，而让自己尽可能高效地发挥。可以说，能如此迅速获得一个军事性的胜利，主要的原因是战略而非战术，是运动而非战斗。[②] 但是，战略对军事斗争最大的作用在于：必须了解优势能够保持到哪一点，因为超过了这一点所得到的就不是新的利益，而是耻辱

---

① [德] 克劳塞维茨：《战争论》（第三卷），中国人民解放军军事科学院译，解放军出版社 2005 年版。

② [英] 李德·哈特：《战略论：间接路线》，钮先钟译，上海人民出版社 2010 年版。

了。[1] 换句话说，就是战略规划和操作必须知道“胜利的顶点”，过犹不及。

战略对决时，使用军事手段要速战速决，之后用其他国家战略手段去慢慢消化胜利果实，这种做法经济实效，国家最怕旷日持久的战争，经济上耗不起。《孙子兵法》中提到，故兵闻拙速，未睹巧之久也。夫兵久而国利者，未之有也。[2]《孙子兵法》强调不动则已，动若脱兔的“速战”思想，但前提是国家走到了非战不足以保全和扩大利益的局面。

此外，战略与军事的关系不能忽视军事技术的作用，军事技术的进步会引领战略思想的巨大变化。例如，以航空母舰为代表的海军航空兵力量取代重炮重装甲高航速的战列舰；骑兵兵团的高机动性改变了传统步兵方阵的战法；火炮枪支技术的逐渐成熟颠覆了冷兵器战法；德国总参谋长毛奇发现的铁路技术的军事应用；等等。这些技术与组织模式的巨大进步使很多当时流行的战略思想落伍，极大地改变了历史进程。因此，未来的军事技术趋势，我们当认真把握，以出现新的前瞻性的战略思想为要。

《孙子兵法》中所说的“利、得、危”，是战与不战的重要标杆，也是战略与军事关系的标杆，国家若战，就该找得利最大对手，最弱对手、最强对手、除此三者皆非正确的战争

---

① ［德］克劳塞维茨：《战争论》（第三卷），中国人民解放军军事科学院译，解放军出版社 2005 年版。

② 蒋百里、刘邦骥：《孙子浅说》，武汉出版社 2011 年版。

对象。①

战略是政治的延续，军事是战略的一个重要方面，是解决政治问题最后的方式，是一个国家维护国家安全、国家利益最后的手段；也可以说，一个国家的军事力量是保护一个国家方方面面的最后屏障。当然，战略的发展也会促进军事力量的发展。战略与军事力量的关系是相互依靠，相辅相成的。

不同时期，不同国家的军事体制都是不同的，而决定他们差异的是各个国家不同时期的国家战略。

具体而言，军事战略附属于国家战略，而军事体制的建设是服务于军事战略的，伴随着国家战略的调整，一个国家的军事体制必然要进行相应的调整。军事体系要与所指定的战略相吻合，如果不依据战略实事求是地构建军事体制，那么就会造成军事体制与战略的脱节，造成军事资源的浪费甚至削弱整个军事体系的战斗力。

（四）战略与外交的关系

天下熙熙，皆为利来；天下攘攘，皆为利往。英国首相帕麦斯顿说过，没有永远的朋友，只有永远的利益。外交的本质就是为了保证国家利益，完成国家战略赋予的任务。外交是国家战略的一种手段，利益最大化是其目标，外交同战略一样也是重理重利不重情的科学，外交既可以凭借强大的实力去压服对手，也可以凭借权力平衡来吓阻侵略。国际斗争一贯的规律

---

① 刘洋、牛佳宁：《历史视角下国家战略理论创新研究》，载《大连海事大学学报（社会科学版）》2017 年第 2 期。

是强国得利、弱国借势、最弱者被蹂躏。正所谓“弱国无外交”，国防大学金一南教授说过，大国追求的是主导，小国才会去追求和平。外交靠国家实力，靠战略的正确指导，靠良好的纵横之术。

对于外交的重要作用，笔者认为，外交是为政治、经济和战略服务的，外交不能凌驾于经济与战略之上。政治决定外交，外交为政治服务；同时，外交也为经济与战略服务。因为，经济是基础，战略是政治的延续，经济是政治目标的根本保障，而战略是政治目标赋予的具体方略与方向，外交是一种手段，是实现政治目标与战略方针的方法，外交理所当然应在政治、经济和战略的主导下发挥作用。因此，外交是为政治、经济和战略服务的。

对于战略与外交的关系，笔者认为，战略决定外交，外交不能凌驾于战略之上。这条原则很容易被弄反，在现实中，经常过于突出外交的重要作用，而贬低战略的指导作用。有人认为，战略应该为外交服务，外交的辞令为国家的最终战略方向，任何从政治目标脱胎而来的战略方针，都不允许超过外交的范畴，这是大错特错的。北宋的殷鉴还历历在目，战国时期纵横家的纵横捭阖对国家政策的主导恶果我们仍耳熟能详。因此，在现实运用中，必须限制外交的“越界行为”。当然，有效的外交也对战略有良好的促进作用，有利于推动战略目标的顺利实现，这才是外交的主要任务。

战略决定外交，有效的外交也对战略有良好的促进作用。俾斯麦执政初期国家最大的战略目标就是德意志统一并成为欧洲大陆最强大的国家，此时普鲁士面临严重的内忧外患，俾斯麦认为安内与攘外不仅不相互冲突，反而相辅相成。俾斯麦利用高超的外交手段，辅以短节有力的三次有限战争，达到了以攘外为手段来安内的目的，统一了德意志，实现了国家的战略目标。所以，战略与外交的关系，也是内因与外因相互转化的关系，有时需要外部的胜利来化解内部矛盾，有时需要内部凝聚力对抗外部压力。有学者认为，只要内部不断改革创新，外部保持战略定力，就一定可以解决与他国争端，按这种说法，普鲁士永远不可能统一德意志，其若想再创新高效，也需要欧洲及世界资源与市场，在当时的情况下，不通过外因实难解决内部问题，更谈不上外部问题的解决。实际上，在很多情况下，内因即使用全力也未必能解决问题，外因也是重要手段，可以促进内因的健康发展。内因与外因相辅相成，战略与外交也是如此，一味退让的外交，无法促进战略的顺利发展，看似稳重，实则不作为，坐失良机。

此外，战略与外交的运用还要有一个标准和限度，那就是不争天下之交，不养天下之权，信己之私，威加于敌。[①] 《孙子兵法》中这句话是最好的诠释，要依赖自己的力量，要相信自己的目标，不能与天下皆交，也不能霸天下之权，合理有力地争夺战略与外交的制高点，使对手不敢贸然侵犯自身利益。[②]

---

① 蒋百里、刘邦骥：《孙子浅说》，武汉出版社 2011 年版。

② 刘洋、牛佳宁：《历史视角下国家战略理论创新研究》，载《大连海事大学学报（社会科学版）》2017 年第 2 期。

（五）战略与地缘的关系

战略与地缘关系到国家战略是“陆主海从”还是“陆从海主”抑或“海陆并进”。因此，可以说战略与地缘的关系，本质上是陆权与海权的选择问题，是大陆国家、陆海国家和海洋国家的战略走向问题，是涉及国家全方位安全与战略进取方向的问题。

就地缘来看，对于海洋属性国家而言，海权必是其主要选择，走“陆从海主”的道路，如日不落帝国时期的英国，奉行海洋利益为根本的政策，辅以欧洲大陆均势政策，从而获得巨大成功，但其由海上陆，参加了两次世界大战之后迅速没落。对于大陆属性国家而言，陆权必是其主要选择，走“陆主海从”的路子，如彼得大帝时期的俄罗斯，俄罗斯对外扩张的过程就是寻找出海口的过程，但其主要手段是获得强大的陆权，从而获得优良港口和立足点，获得局部的海权，也获得了巨大的成功；但明治维新后的日本则走了一条相反的道路，本是海洋属性国家，非要奉行“陆主海从”的策略，结果最终还是从海上失败，国家总破产。对于陆海兼具的国家而言，情况比较复杂，由于历史上来自陆地的威胁一直远大于海上，因此陆权思维深入骨髓，在海上利益急速增长并需要保护时，国家战略和政策常常在陆权与海权之间左右摇摆，造成顾此失彼，或者矫枉过正、过犹不及的局面。因此，陆权与海权均衡发展，但在某一时期因势而重点突出其一，最适合陆海兼具国家的战略发展。[①]

---

① 刘洋、牛佳宁：《历史视角下国家战略理论创新研究》，载《大连海事大学学报（社会科学版）》2017 年第 2 期。

（六）战略与精神要素的关系

最后要单独谈一谈精神要素的问题，虽然战略是重理、重利不重情的科学，但是精神要素，这个不可量化的力量同样非常重要。战略的主要目标之一就是削减对方斗争下去的意志，即动摇其精神力。决策高层的忍耐力与意志品质、战略眼光与战略决心、君权与将权的关系、民族与文化精神、军队武德等都可以归结为精神要素。

战略对决期间，政治统帅和领导层的眼光与决心、忍耐力与意志无比关键，这几点合起来其实就是统帅层的才能问题，才能问题本质就是精神问题，一个心理脆弱、优柔寡断、朝令夕改的高层是不会获得最后胜利的。《孙子兵法》中提到，将能而君不御者胜。① 在战略目标确定的前提下，有能力的领导层会放手让执行层去发挥而不横加干涉，领导层只抓宏观，让执行层充分能动地去实现战略目标，汉武帝与霍去病就是君权与将权的完美展现。

民族精神，归根结底是文化精神，同根同文化才会长时间凝聚在一起，这种凝聚力就是民族精神。世界版图，大者仍大，小者仍小，终究是这凝聚力、文化认同感所决定的。有此凝聚力，遇强敌则刚，遇弱敌则融，虽会有挫折，但从整个历史长河看，终归是强者。

关于军队武德，克劳塞维茨做过非常完美的阐述，一支军队，如果它在极猛烈的炮火下仍能保持正常的秩序，永远不被

---

① 蒋百里、刘邦骥：《孙子浅说》，武汉出版社 2011 年版。

想象中的危险所吓倒，而在真正的危险面前也寸步不让；如果它在胜利时感到自豪，在失败的困境中仍然服从命令，不丧失对指挥官的尊重和信赖；如果它在困苦和劳累中能像运动员锻炼肌肉一样增强自己体力，把这种劳累看作是制胜的手段，而不看成是倒霉晦气；如果它只抱有保持军人荣誉这样一个唯一的简短信条，因而能经常不忘上述一切义务和美德，那么，它就是一支富有武德的军队。一个国家拥有这样有武德的军队越多，其军事实力越强，其威慑力也就越大，这是精神的力量。

因此，精神要素也和物质要素一样，是战略顺利实现的基础力量。统帅层才能高、民族与文化精神凝聚力强、拥有武德的军队多，这样国家的精神要素就适配其战略的制定与执行，这样的国家就最有可能获得成功。[①]

2021 年 11 月 8 日至 11 日，党的十九届六中全会在北京召开，全会最重要的成果是审议通过了《中共中央关于党的百年奋斗重大成就和历史经验的决议》。该决议深刻揭示了过去我们为什么能够成功、未来我们怎样才能继续成功。该决议对历史的深刻总结，集中体现了我国上层建筑精神要素的强大，国家和民族也必定会在党的领导下走向辉煌。

---

① 刘洋、牛佳宁：《历史视角下国家战略理论创新研究》，载《大连海事大学学报（社会科学版）》2017 年第 2 期。

第二章

近代西方经典战略理论

战略境界的高低，发展方向的正确与否，都是关乎国本、关乎成败的大事。

本章重点介绍德国克劳塞维茨的“战争论”及英国柯白的“海洋战略原则”对克劳塞维茨“战争论”的继承和发展，瑞士裔法国将领约米尼的“战争艺术”及美国马汉的“海权对历史的影响”对约米尼“战争艺术”的继承和发展，讲述了英国李德·哈特的“间接路线”理论，通过重点研究近代西方有代表性的战略与海洋战略经典理论的传承与内涵，探讨西方战略学理论的文化逻辑。

一、克劳塞维茨与柯白：从《战争论》到《海洋战略原则》

本节详细介绍德国人克劳塞维茨的作品《战争论》，列举和评述他的一些经典论述，并指出英国人柯白对克劳塞维茨理论思想的继承和发展。

克劳塞维茨的《战争论》是一部战争法典，讨论了战争的性质、战争理论、战略概论、战斗、军队、防御、进攻、战争计划八个方面，提出了战争为政策的延续、战争的目的就是消灭敌人、战略和战术的基本原则、战略要素等思想与理论。他的《战争论》为近现代战争理论的鼻祖，他强调的战略战术原则是各国军队所遵循的模板。虽说如此，但他的理论不是刻板机械的，因为他还指出理论应该是一种考察，而不是死板的规定，他认为战争当是一门艺术。

克劳塞维茨提出战争为政治服务的思想，表明了政治和战争的关系，这一思想一直沿用至今。同时，克劳塞维茨强调通过战斗来消灭敌人，是一种比其他一切手段更为优越、更为有效的手段。他提出的战略战术原则，诸如没有还击的防御是根本不可设想的，还击是防御的一个必要的组成部分；人们如果不知道用战争要达到什么以及在战争中要达到什么（前者是目的，后者是目标），那么就不能开始战争，或者就不应该开始战争；所有力量的集中打击都必须指向敌人的这个重心；进攻应该像一支用强大力量射出去的箭，不应该像一个逐渐膨胀而最后破裂的肥皂泡。[①] 如此等等都是战争理论的经典。此外，他还提出了战略要素的概念，笔者按重要次序依次排为精神要素、统计要素、数学要素、地理要素和物质要素。

依照克劳塞维茨的理论，国家战略不能仅是防御性质的，必须要有进攻性；对于要用武力解决问题的时候，首先要知道用战争手段想达到什么目标，目标包括政治、经济和军事等多

---

① ［德］克劳塞维茨：《战争论》（第三卷），中国人民解放军军事科学院译，解放军出版社 2005 年版。

方面；对于已经开始的战争，必须要找准对手的关键，尽全力一击，速战速决，逼迫对手尽快签订合约，以结束战争，获得最大的战争红利，切忌战争过程拖泥带水，看似稳妥的步骤，往往最容易陷己方于不利的境地。

这样的借鉴意义有很多，总体来说，克劳塞维茨的《战争论》对国家战略的启发就是要敢于战斗、善于战斗，对国家核心利益要敢于作坚决斗争，敢于用最直接、有效的手段解决问题，其精髓可以理解为力斗。

因此，克劳塞维茨被称为“西方兵圣”，其《战争论》被称为西方的《孙子兵法》，笔者用了较多的笔墨来介绍他的思想。下面笔者摘录和评述了克劳塞维茨《战争论》中的一些经典论断，以便读者更加了解克劳塞维茨的思想精髓。克劳塞维茨在《战争论》一书中提到：

> 战争是迫使敌人服从我们意志的一种暴力行为。[①]

战争的本性是一种“暴力行为”，这种行为的目的是让自身的利益最大化，当对手挑战这种利益分配时，通过战争手段使其屈服于己，从而实现自身的利益。

> 使敌人无力抵抗是战争行为真正的目标。[②]

战争行为的标的，或者其边界是使敌人屈服，无力抵抗自己，而不是彻底消灭。任何彻底消灭的意图都是错误的，或者

① ［德］克劳塞维茨：《战争论》（第一卷），中国人民解放军军事科学院译，解放军出版社 2005 年版。

② ［德］克劳塞维茨：《战争论》（第一卷），中国人民解放军军事科学院译，解放军出版社 2005 年版。

说是荒谬的，不切实际的。

> 战争绝不是孤立的行为。[①]

战争与政治政策、经济、军事战略、外交、地缘、精神要素等诸多方面都紧密相连，并相互影响，战争绝不是孤立的存在，是一系列要素共同作用的结果。

> 战争不是短促的一击。[②]

战争是行为主体全方位参与的过程，这些主体包括军队、国家、民众、资源、同盟、精神等诸多方面，战争无法在一次决战中调动所有的力量，“短促一击”不会从根本上改变战争大局，从这个角度说，战争不是短促的一击。

太平洋战争初期，日本海军联合舰队第一航母机动舰队动用了日本的全部舰队级航空母舰，突袭了美军太平洋舰队驻地——珍珠港。突袭虽然获得巨大成功，重创美国太平洋舰队，为日军南下夺取南方资源区［爪哇岛、苏门答腊岛和婆罗洲（今天的加里曼丹岛）］，进而扩张太平洋势力范围扫清障碍。但从整个太平洋战争来看，日军偷袭珍珠港这个“短促的一击”，只使日本获得了一年半的战略优势，随后美国便调动了国家力量全力对抗，日军战局急转直下。

“短促一击”的战争既无法调动自身的全部力量，又很难使对手一次性屈服，从而签订合约、承认进攻方的利益，这样

---

① ［德］克劳塞维茨：《战争论》（第一卷），中国人民解放军军事科学院译，解放军出版社 2005 年版。

② ［德］克劳塞维茨：《战争论》（第一卷），中国人民解放军军事科学院译，解放军出版社 2005 年版。

的“短促一击”对整个战争来说就是灾难。

> 不能立即使用的这部分力量，有时在全部抵抗力中所占的比重，比人们初看时想象的要大得多。[①]

抗日战争初期，日本就是严重低估了中国不能立刻使用的这部分力量——中国民众的空前团结和各派政治势力的大融合，而深陷战争“泥潭”，最终招致失败。

> 战争无论就其客观性质来看还是就其主观性质来看都近似赌博。[②]

没有风险的战争是不存在的，偶然性是战争的孪生兄弟，实力越接近的对手，战争偶然性就越高。因此，战争行为或多或少就是赌博行为，值不值得，得看战争的目标是什么。

> 但是战争仍然是为了达到严肃的目的而采取的严肃的手段。[③]

战争行为虽似赌博，但不是盲目地赌博，战争行为是严肃的，为达到的战争标的是合理的，“主因怒而兴师”式的鲁莽战争行为或“堂吉诃德”式的不图利益回报的战争行为都是愚蠢的。

> 政治贯穿在整个战争行为中，在战争中起作用的各种力量所允许的范围内对战争不断发生影响。[④]

---

① ［德］克劳塞维茨：《战争论》（第一卷），中国人民解放军军事科学院译，解放军出版社 2005 年版。

② ［德］克劳塞维茨：《战争论》（第一卷），中国人民解放军军事科学院译，解放军出版社 2005 年版。

③ ［德］克劳塞维茨：《战争论》（第一卷），中国人民解放军军事科学院译，解放军出版社 2005 年版。

④ ［德］克劳塞维茨：《战争论》（第一卷），中国人民解放军军事科学院译，解放军出版社 2005 年版。

从克劳塞维茨这句话可以看出，战争是政治利益抉择的结果，在政治框架内，战争的持久度和消耗度会一直进行到政治目标达到为止。但同时，当战争消耗超过了政治利益目标时，国家就会对政治目标进行调整，会果断议和从而结束战争。

战争无非是政治通过另一种手段的继续。

由此可见，战争不仅是一种政治行为，而且是一种真正的政治工具，是政治交往的继续，是政治交往通过另一种手段的实现。如果说战争有特殊的地方，那只是它的手段特殊而已。军事艺术可以在总的方面要求政治方针和政治意图不同这一手段发生矛盾，统帅在具体场合也可以这样要求，而且做这样的要求确实不是无关紧要的。不过，无论这样的要求在某种情况下对政治意图的影响有多么大，依然只能把它看作是对政治意图的修改而已，因为政治意图是目的，战争是手段，没有目的的手段永远是不可想象的。①

战争是政治的延续，是克劳塞维茨留给我们最可宝贵的财富，这段话提出并详细论述了这个论断。战争受政治的主导，战争是实现政治意图的一种手段，战争从本质上说就是政治行为。

一切战争都可看作是政治行为。②

① ［德］克劳塞维茨：《战争论》（第一卷），中国人民解放军军事科学院译，解放军出版社2005年版。

② ［德］克劳塞维茨：《战争论》（第一卷），中国人民解放军军事科学院译，解放军出版社2005年版。

战争行为不会超出政治的框架范围，战争都是政治的具体体现。

以后我们在《战争计划》一篇中再进一步探讨什么叫作使敌国无力抵抗，但在这里必须先弄清楚敌人的军队、国土和意志这三个要素，它们是可以概括其他一切对象的总的对象。

敌人的军队必须消灭，也就是说，必须使敌人军队陷入不能继续作战的境地。顺便说明一下，以后我们所说的“消灭敌人军队”，都是指的这个意思。

敌人的国土必须占领，否则敌人在那里可以建立新的军队。

但是，即使以上两点都做到了，只要敌人的意志还没有被征服，也就是说只要敌国政府及其盟国还没有被迫签订和约，或者敌国人民还没有屈服，我们仍不能认为，战争，即敌对的紧张状态和敌对力量的活动，已经结束。因为，即使我们完全占领了敌人的国土，敌人在他的国内或在盟国支援下仍有可能重新起来斗争。当然，这种情况在和约签订以后也是可能发生的（这只能说明并不是每一次战争都能完全解决问题和彻底结束的），但是，随着和约的签订，许多可能在暗中继续燃烧的火星就会熄灭，紧张就会趋于缓和，因为一切倾向和平的人会完全放弃抵抗的念头，而这样的人在任何民族中，在任何情况下都是很多的。所以，无论如何我们总得承认，随着和约的签订，目的就算达到，战争就算结束了。

……

在现实中，除了无力继续抵抗以外，还有两种情况可以促使媾和。一是获胜的可能不大，二是获胜的代价过高。

……

对已经消耗的力量和将要消耗的力量的考虑，对是否媾和的决心更有影响，既然战争不是盲目的冲动，而是受政治目的支配的行为，那么政治目的的价值必然决定着愿意付出多大的牺牲作代价。这里所说的牺牲，不仅是指牺牲规模的大小，而且是指承受牺牲的时间的长短。所以，当力量的消耗过大，超过了政治目的的价值时，人们就必然会放弃这个政治目的而媾和。[①]

克劳塞维茨的这几段话，真是至理名言啊，非常经典，霸权主义者当好好研究。灭国易，灭民族难，战争一定不要从国家间的对抗上升到民族间的对抗，否则，将没有胜利者。

2003 年开始的美国对伊拉克的战争及美国在中东和阿富汗的一系列战争，就是反面的例证。可以消灭对手的军队，可以消灭对手的国家，但难以消灭对手的民众，难以消灭对手的民族。因此，最有效的方法是消灭对手继续战斗的“意志”，逼迫其签订和约，承认失败，承认其利益的割舍。消灭对手的

---

① ［德］克劳塞维茨：《战争论》（第一卷），中国人民解放军军事科学院译，解放军出版社 2005 年版。

战斗意志，既可以是灭国方式，也可以是消灭军队的样式，归根结底是得给予对手以最沉重的打击，当对手的战斗意志消失，承认失败后，进攻者及时收手，以巩固既得利益，签订和约，是谓“利益最大化”，这也可以称为“占领的艺术”。而美国霸权主义者把自己放在了和中东、中亚各民族的对抗上，其黯然退出阿富汗和伊拉克战场是历史的必然。

克劳塞维茨提出的“签订和约”思想非常重要，是西方的重要思想，胜利成果以和约模式固定和维持，不遵守就再打击。签订和约的思想，很有其合理性，易于掌握力量与利益的平衡，易于实现国家利益最大化。

克劳塞维茨对已经消耗的力量和将要消耗的力量的考虑，体现了军事受政治制约的思想。战争是在政治框架下，进行军事力量的运用。当力量消耗超过政治价值时，上层建筑会随时结束这种政治目标。所以说，政治是动态的、弹性的，与之相对应的军事自然也是动态的、弹性的，而不是一成不变的、鲁莽的。

理论应该是一种考察，而不是死板的规定。[①]

世间并没有一个包罗万象、永恒不变、放之四海而皆准的真理。理论是相对的，是动态的，是开放的，是可持续发展的，正如克劳塞维茨说的理论是一种考察，是一种思考，是一种经验的总结，虽有其规律性，但得视具体情况而定。因此，理论不是死板的规定。中国的《孙子兵法》，之所以有这么强

---

① ［德］克劳塞维茨：《战争论》（第一卷），中国人民解放军军事科学院译，解放军出版社 2005 年版。

大的生命力，正是克劳塞维茨这句话的体现，是一种考察，是道理上的讲述，若变成死板的规定，则早已失去其生命力。譬如，《孙子兵法》谋攻篇第三中所述，“十则围之，五则攻之，倍则分之”①。这句话是针对冷兵器时代，尤其是基于2500多年前春秋时期的技术条件而得出的战法，放到今天哪里还能对呢？但其接下来的话就是到今天也是经典准则：“敌则能战之，少则能逃之，不若则能避之。故小敌之坚，大敌之擒也。”② 这就是一种考察，一种思考的结晶。所以说，要动态地看待理论，看待圣贤，以批判式继承为要。

> 虽然统帅不必是学识渊博的历史学家，也不必是政论家，但是他必须熟悉国家大事，必须对传统的方针、当前的利害关系和存在的各种问题，以及当权人物等有所了解和有正确的评价。③

军事统帅必须有一定的政治头脑，才会使自己指挥的战争不会偏离上层政治的指导方向，纯粹的军事统帅是无法胜任的，统帅必须知晓利益的重点和政治高层的意图，因此军事统帅是需要知晓国家大事和把握政治脉络的，这点很容易被忽视。

> 战争是一种人类交往的行为。
>
> 因此我们认为，战争不属于技术或科学的领域，

---

① 蒋百里、刘邦骥：《孙子浅说》，武汉出版社2011年版。

② 蒋百里、刘邦骥：《孙子浅说》，武汉出版社2011年版。

③ ［德］克劳塞维茨：《战争论》（第一卷），中国人民解放军军事科学院译，解放军出版社2005年版。

> 而属于社会生活的领域。战争是一种巨大的利害关系的冲突，这种冲突是用流血方式进行的，它与其他冲突不同之处也正在于此。战争与其说像某种技术，还不如说像贸易，贸易也是人类利害关系和活动的冲突。然而，更接近战争的是政治，政治也可以看成是一种更大规模的贸易。不仅如此，政治还是孕育战争的母体，战争的轮廓在政治中就已经隐隐形成，就好像生物的属性在胚胎中就已形成一样。[1]

战争表面上是技术、力量与头脑的对抗，貌似属于技术领域或科学领域，实则不然。战争是受政治目标指导，战争的目的是获得政治所要求的利益。可以说，战争是一种“贸易”，是一种在政治指导下的获利工具。因此，战争属于社会领域范畴。

> ……不过我们认为，要想论证一个新的见解或是明确一种值得怀疑的见解，详尽地叙述一个事件要比简单地提示十个事件更为有用。粗浅地引用史实的主要弊端，倒不在于作者错误地想用这种方法证明某些论点，而在于作者从来没有认真地了解过这些历史事件，在于这样肤浅而轻率地对待历史会产生数以百计的错误见解和杜撰的理论；如果作者意识到，他提出的新的和想用历史证明的一切，都应该是从各种事物的紧密联系中自然地产生出来的，那么就不会出现这

① ［德］克劳塞维茨：《战争论》（第一卷），中国人民解放军军事科学院译，解放军出版社2005年版。

些错误见解和杜撰的理论了。①

这段话说的是治史态度或是治史方法。系统论述明白一件史实，以从中汲取有用的营养，比充满错误、偏见和一知半解的历史评价要好很多。任何一个重要历史事件，都有其深刻的发生原因，是一个系统、繁杂的事情，必须多角度了解，以得出恰当的结论与评价。对一个历史事件，正反双方的史料和观点都要看，历史的真相往往停留在钟摆的中间位置，这是一个看问题的一体两面，是重要的方法论。

> 如果不习惯于把战争或战争中的各个战局看成是一条完全由相互衔接的一系列战斗所组成的锁链，如果认为占领某些地点或未设防的地区本身就有某种价值，那么，人们就会很容易把这样的占领看作是唾手可得的成果。如果这样来看问题，而不是把这样的占领看作是一系列事件中的一个环节，人们就不会考虑：这样的占领以后是否会带来更大的不利。这种错误在战史中确实是屡见不鲜！我们可以断言：跟一个商人不能把某次交易所得的利润存放不用一样，在战争中也不能把某次胜利放在全局的结果之外。如同商人必须经常把全部财富投入交易一样，在战争中只有最终的结局才能决定每次行动的得失。②

---

① ［德］克劳塞维茨：《战争论》（第一卷），中国人民解放军军事科学院译，解放军出版社 2005 年版。

② ［德］克劳塞维茨：《战争论》（第一卷），中国人民解放军军事科学院译，解放军出版社 2005 年版。

毛泽东同志在解放战争中，曾做过如下战略指导，他说，存地失人，人地皆失；存人失地，人地皆存。这就是要看最终的结局，而战争过程中的得失不必过于看重，不纠结于一城一地的得失，而是消灭敌人有生力量，只占领最需要的地方，而不是为了占领而占领。蒋介石就反之，军事上为了占领而占领，到处分兵，导致处处兵力不足，最后被各个击破，解放战争的进程就是这段话的经典再现。

> 我们可以把决定战斗的运用的战略要素适当地区分为以下几类：精神要素、物质要素、数学要素、地理要素和统计要素。
>
> 精神素质及其作用所引起的一切都属于第一类；军队的数量、编成、各兵种的比例等等属于第二类；作战线构成的角度、向心运动和离心运动（只要它们的几何数值是有计算价值的）属于第三类；制高点、山脉、江河、森林、道路等地形的影响属于第四类；最后，一切补给手段等属于第五类。①

按克劳塞维茨的理念，决定战斗运用的战略要素顺序为：精神要素→统计要素→数学要素→地理要素→物质要素。克劳塞维茨十分重视精神要素的重要作用，他认为精神是战斗的第一要素，之后才是统计、数学和地理等技术要素，最后才是物质要素。所以说，一提战斗，首先想到武器装备是不对的，只要武器没有代差，物质要素就不是战斗的首要因素。

---

① ［德］克劳塞维茨：《战争论》（第一卷），中国人民解放军军事科学院译，解放军出版社 2005 年版。

> 主要的精神力量指统帅的才能、军队的武德和军队的民族精神。①

克劳塞维茨认为精神要素是诸要素之首，是战略顺利实现的基础力量。统帅层才能高、拥有武德的军队多、民族凝聚力强的国家，其精神力量就强大，就最有利于战略的制定与执行，也就最有可能获得成功。

> ……在山地，统帅很少指挥单独的部队，要指挥所有的部队又力所不及……②

克劳塞维茨这句话，点出了山地作战的原则与特点。1211年，蒙金野狐岭之战，金兵的失败就在于在山地作战中分散兵力，违背了其“聚而众”的战略方针，以致在山地作战中无法有效指挥部队。蒙古军集中力量击破金兵的中军（接近一比一的军力对比），而金军其他的部队因为指挥不畅、地形等原因无法形成合力，大部分的军队分散在野狐岭各个山口险要，根本来不及联络调动，更别提支援了。从而导致金军野狐岭之战全线崩溃，一战而丧失国家元气。此战，蒙金兵力对比为10万对45万，其中金兵15万人不在野狐岭，而在后方，不战而逃，实际兵力对比为10万对30万，金军30万精锐被10万蒙古人打得几乎全军覆没。归根结底，就是金国统帅完颜承裕不了解山地作战的特点，将30万人分散在山区各个隘口，这种布阵即

① ［德］克劳塞维茨：《战争论》（第一卷），中国人民解放军军事科学院译，解放军出版社2005年版。

② ［德］克劳塞维茨：《战争论》（第一卷），中国人民解放军军事科学院译，解放军出版社2005年版。

使对于今天的现代化战争也十分危险，更何况是八百多年前依靠旗语与传令兵的指挥模式。山地作战必须发挥部队的主观能动性，并合理配置兵力，统帅一般不进行特别细致的指挥。

> 一支军队，如果它在极猛烈的炮火下仍能保持正常的秩序，永远不为想象中的危险所吓倒，而在真正的危险面前也寸步不让，如果它在胜利时感到自豪，在失败的困境中仍能服从命令，不丧失对指挥官的尊重和信赖，如果它在困苦和劳累中能像运动员锻炼肌肉一样增强自己体力，把这种劳累看作是制胜的手段，而不看成是倒霉晦气，如果它只抱有保持军人荣誉这样一个唯一的简短信条，因而能经常不忘上述一切义务和美德，那么，它就是一支富有武德的军队。[①]

特别经典的一段论述，军队的“武德”，多么重要而又多么抽象的概念，被克劳塞维茨用生动的语言淋漓尽致地表达了出来，只有真正的理论家与实践家才能写出这么经典的定义。克劳塞维茨说的军队武德，指的是军队建设、军队气质与军人魂灵。克劳塞维茨所说的武德，不是胜负论英雄，不能用简单的“战争胜负观”来看武德概念，否则就太肤浅了。

笔者以“武德十条”总结之：

武德一，战场抗压能力强，战斗纪律优秀；

武德二，从不畏惧任务的艰辛；

武德三，在困境能够保持坚韧的战斗品格；

---

① ［德］克劳塞维茨：《战争论》（第一卷），中国人民解放军军事科学院译，解放军出版社 2005 年版。

武德四，拥有战斗热情；

武德五，在战斗失利的状态下仍能保持秩序，不崩盘；

武德六，部队对指挥官的能力与品质无比崇敬；

武德七，部队能够积极锻炼技战术能力；

武德八，军事态度端正；

武德九，视军人荣誉为生命；

武德十，能够承担责任，传承美德。

> ……良好的秩序、技能、意志以及一定的自豪感和饱满的情绪是和平时期训练出来的军队的特色，这些都应该珍视，但是它们并不能单独发挥作用。整体只能依靠整体来维持，就像一块冷却得太快的玻璃一样，一道裂缝就可以使整体完全破裂。这样的军队即使有世界上最饱满的情绪，一遭到挫折，也很容易变得胆怯，甚至变得极端恐惧，即法语所说的“大溃败”。这样的军队只有依靠统帅才能有所作为，单靠它自己则将一事无成。这样的军队，当它没有在胜利和劳累中经过锻炼、逐渐适应艰苦的战斗以前，统率它就必须加倍谨慎。因此，我们不能把武德和情绪相互混淆。①

不是拥有战斗热情和战斗技能的部队就拥有“武德”，没有经过胜利和失败锤炼的部队，没有优秀统帅领导的部队，不会具备克劳塞维茨定义中的“武德”。

---

① ［德］克劳塞维茨：《战争论》（第一卷），中国人民解放军军事科学院译，解放军出版社 2005 年版。

只有进攻者才有积极的目的，所以主力会战主要是进攻者的手段。尽管我们在这里还不能更详细地确定进攻和防御的概念，但也必须指出，即使是防御者，要想或迟或早地适应防御的需要，完成自己的任务，在大多数情况下也只有采用主力会战这个唯一有效的手段。

主力会战是解决问题的最残酷的方法。……

但是，使统帅精神上感到压力更大的，还是他想到通过这次战斗要决定胜负。在这里一切行动都集中在空间和时间的某一点上，在这种情况下，人们不免会模模糊糊地感到他们的兵力在这个狭小的空间里仿佛无法展开和无法活动，仿佛只要有时间，就会赢得不少的好处，但实际上时间却不会带来什么好处。这种感觉只是一种错觉，但是这种错觉也是不容忽视的。人们在做任何重要决定时都会受这种错觉的影响，当一个统帅要做出这样一种重大决定时，他的这种感觉就会更强烈。

因此各个时代都有一些政府和统帅，设法回避决定性的会战，希望不通过会战也可以达到自己的目的，或者悄悄地放弃自己的目的。于是，那些历史学家和理论家，就竭尽全力地想从这些以其他方法进行的战局和战争中，不仅找到可以代替决定性会战的等价物，甚至找到更高超的艺术。这样一来，在现代，就有人根据战争中合理使用兵力的原则，几乎把主力会战看作是一种错误所必然引起的祸害，是正常的、慎重的战争中决不应该发生的病态。他们认为，只有那些懂得用不流血方式进行战争的统帅才有资格戴上桂冠，而那种婆罗门教真经式的战争理论，其任务恰好就是传授这种艺术。

现代历史已经粉碎了这种谬论，但是谁也不能保证这种谬论不再重新出现，不再诱惑当权人物相信这种适合人的弱点、因而容易为人们接受的颠倒黑白的看法。……

不仅战争的概念告诉我们，而且经验也告诉我们，只有在大规模的会战中才能决定重大的胜负。自古以来，只有巨大的胜利才能导致巨大的成就，对进攻者来说必然是这样，对防御者来说或多或少也是这样。……

……

要想进行主力会战，要想在主力会战中主动而有把握地行动，就必须对自己的力量有信心和对必然性有明确的认识，换句话说，必须有天生的勇气和在广阔的生活经历中锻炼出来的锐敏的洞察力。[①]

当今，我们应当警醒不需要主力会战的论调。当世对主力会战有分歧，当年第一次世界大战和第二次世界大战期间的欧洲也曲解了克劳塞维茨的观点，导致重大灾难。但主力会战在

---

① ［德］克劳塞维茨：《战争论》（第一卷），中国人民解放军军事科学院译，解放军出版社2005年版。

今天仍有其旺盛的生命力。譬如，航空母舰舰队之间的对决是不是主力会战？答案当然是。现今海洋强国努力打造航空母舰舰队不就是为了威慑住对手强大的航母舰队对自己的威胁吗？但前提是，己方航母舰队得有战胜对手航母舰队的实力，这种战胜的能力是不是主力会战？当然是。拥有了这种打赢主力会战的能力，反而不会真正发生主力会战了，是谓“威慑”。要想威慑住对手，就得按主力会战的规律办事，就得积极研究它，运用它，这就是“主力会战”的概念在今世的现实意义。

> ……没有还击的防御是根本不可设想的，还击是防御的一个必要的组成部分……①

虽然是防御作战，但指挥官若能够将动态兵力用到极致，警戒部队、预备队、主力部队不断因战场形势而相互转化，总是能够判断正确敌军的主攻方向，总是在关键点形成拳头部队，是谓动态防御。因此，反击是防御的一个重要组成部分，待敌人进攻顿挫之际，必须实施战场反击以打乱其进攻节奏。能够实施有效动态防御作战的指挥官，其战役与战术素养是非常高超的，可以说是判别名将的一个标准。

> 防御者威胁进攻者的交通线是防御的一种还击方式，在寻找大规模决战的战争中，这种还击方式只有当进攻者作战线很长时才会出现……②

---

① ［德］克劳塞维茨：《战争论》（第三卷），中国人民解放军军事科学院译，解放军出版社 2005 年版。

② ［德］克劳塞维茨：《战争论》（第三卷），中国人民解放军军事科学院译，解放军出版社 2005 年版。

这句话非常有道理，但不绝对。辽沈战役时，廖耀湘兵团攻克彰武，就是在威胁东北野战军的后方交通线，以期解锦州之围。但林彪军团虽远程奔袭，其实际战线却不长，为什么呢？因为林彪的部队只携带了单程汽油和足够基数的弹药，压根儿就没想要交通线，毕其功于一役。林彪集中自己的主要兵力全力进攻锦州，30 个小时就攻克了，破城后，自会从对手那里获得必要的补给。随后以迅雷不及掩耳之势反包围廖耀湘兵团，致其精锐的野战兵团没有发挥作用，就在行军中被分割包围，最后被歼灭。所以，廖耀湘的作战方式是不恰当的解围方法，是不当的战略防御。除非是进攻方攻坚城，且久攻不下，这时威胁其交通线才是有效的方法，譬如西汉汉景帝年间，周亚夫平定“七国之乱”就是克劳塞维茨这段话的典型体现。

> ……运输队的安全更的[1]地是依靠在战略上所处的位置来保障的，而不是依靠护送部队的抵抗来保障的……[2]

战争时，运输线最好是依靠战略位置的优良而获得安全性，这个优良的战略位置包含地理位置和军事力量保护等多方面因素。运输线走这样一系列战略位置优良的点而连成的线是最佳选择，不论是陆战还是海战，道理都是一样的。若不依赖战略位置而单纯依靠护送部队的保护，若战争久拖不决，则任

---

① “的”应为“多”。——笔者注

② ［德］克劳塞维茨：《战争论》（第三卷），中国人民解放军军事科学院译，解放军出版社 2005 年版。

何一个国家都负担不起这样的护送任务。譬如第一次世界大战和第二次世界大战期间英国的海上贸易线，在德国 U 型潜艇的系统攻击下，只好依赖于护航制度保证运输线少受损失，以使运进来的国家战略物资能超过消耗掉的，结果，英国的国家实力因此而消耗殆尽。

> ……关于胜利的顶点……在战争中原有的或后来获得的优势只是手段，不是目的，而且这一手段必须用来达到目的。但是人们必须了解优势能够保持到哪一点，因为超过了这一点所得到的就不是新的利益，而是耻辱了。①

把握“胜利的顶点”，是战略决策者必须具备的素养，战略都是追求利益最大化的，但最大化的边界在哪里，是需要认真把握的，“意犹未尽”和“过犹不及”的交集是非常关键的。超过，则极有可能收获失败的“耻辱”。

> ……人们如果不知道用战争要达到什么以及在战争中要达到什么（前者是目的，后者是目标），那么就不能开始战争，或者就不应该开始战争……②

战争受政治制约，战争是政治的延续，战争目标也就是政治目标的指向，战争目标不明确，也就是政治目标不明确，这种情况下，是万万不可能开启战端的。

---

① ［德］克劳塞维茨：《战争论》（第三卷），中国人民解放军军事科学院译，解放军出版社 2005 年版。

② ［德］克劳塞维茨：《战争论》（第三卷），中国人民解放军军事科学院译，解放军出版社 2005 年版。

……在这里，理论所能指出的只是：重要的是密切注意两国的主要情况。这些情况可以形成一个为整体所依赖的重心，即力量和运动的中心，所有力量的集中打击都必须指向敌人的这个重心。

小的总是取决于大的，不重要的总是取决于重要的，偶然的总是取决于本质的。我们必须遵循这一点来进行考察。

亚历山大、古斯达夫·阿道夫、查理十二和弗里德里希二世，他们的重心是他们的军队，假如他们的军队被粉碎了，那么他们也就完了。那些被国内的派别搞得四分五裂的国家，它们的重心大多是首都。那些依赖强国的小国，它们的重心是同盟国的军队。在同盟中，重心是共同的利益。在民众武装中，重心是主要领导人和民众的情绪。打击应该针对这些目标。如果敌人由于重心受到打击而失去平衡，那么，胜利者就不应该让对方有时间重新恢复平衡，而应该一直沿这个方向继续打击，换句话说，应该永远打击敌人的重心，而不是以整体打击敌人的部分。以优势的兵力平平稳稳地占领敌人的一个地区，只求比较可靠地占领这个小地区而不去争取巨大的成果，是不能打垮敌人的，只有不断寻找敌人力量的核心，向它投入全部力量，以求获得全胜，才能真正打垮敌人。[①]

---

① ［德］克劳塞维茨：《战争论》（第三卷），中国人民解放军军事科学院译，解放军出版社2005年版。

所有力量的集中打击都必须指向敌人的重心，这个重心就是“力量和运动的中心”，就是敌人的“命门”所在。战略打击上，要打击对手的要害，对于政治混乱的国家，则攻取其首都，对于小国则打击其同盟国的干涉力量；对于联盟模式的对手，则打击其“共同利益”。打击敌人重心的目的，是让敌人的体系失去平衡，从而我方获得利益。还有一点，笔者需补充，就是之前提出的毛泽东思想的精髓，“存地失人，存人失地”的问题，必须集中力量歼灭敌人重要方向的有生力量，这也是敌人的一种“命门”。

克劳塞维茨这段话，从战术理解上就是，不断地寻找敌人的“重心”予以打击，不要为了占领而占领，要抓住“重心”，持续攻击，使敌人的体系彻底崩溃而获得全胜。这个理论在第二次世界大战北非战场，被“沙漠之狐”隆美尔用到了极致，其“杠杆理论”应该就是来源于克劳塞维茨的军事思想，成就了装甲突击战的一代“传奇”。

我们通过上面的论证是要说明占领完成得越快越好，如果我们完成占领的时间超过了完成这一行动绝对必需的时间，那么不但不能使占领变得更容易，反而会使占领变得更困难。如果说这种看法是正确的，那么，同样正确的是：只要有足够的力量占领某一地区，就应该一鼓作气地完成这种占领，而不应该有什么中间站。当然，这里所说的中间站，不是指集中兵力和采取这种或那种措施所需的短暂的平静时间，这是不言而喻的。

> 上述观点指出速战速决是进攻战的一个重要特点，我们认为，这种观点已经从根本上打破了那种反对不停顿地继续不断地占领的见解，即打破了那种认为缓慢的、所谓有步骤的占领更有把握和更为谨慎的见解。……①

克劳塞维茨的这个观点，非常有军事常识。只要能迅速完成的占领，就必须迅速完成，不要用看似稳妥的办法，用“中间站”的思想，也就是“稳扎稳打”的思想。战争终究追求的还是速度，速战是最有利的战争方式，《孙子兵法》中“兵贵胜，不贵久”“故兵闻拙速，未睹巧之久也。夫兵久而国利者，未之有也”等都是速战思想的具体体现。因为，旷日持久的战争，是任何一个国家都耗不起的。《孙子兵法》中提到：“久则钝兵挫锐，攻城则力屈，久暴师则国用不足。”战争涉及一个国家经济的方方面面，军队为重金打造，所需物资为重金需求，运输成本为重金消耗，二千五百年前的孙武就用“日费千金”来形容战争的花费。如此一来，善于“速战”的思想必为国之瑰宝。而“稳扎稳打”的思想有其适用条件，“稳”是为了“快”，为了快速结束战争而暂时采取的稳步前进的方法，不是为了“稳”而“稳”，在一个国家战略上也是如此，我辈当警醒。

> ……打垮敌人如果可以实现，就应看作是军事行动本来的绝对目标。我们现在来探讨一下不具备实现

① ［德］克劳塞维茨：《战争论》（第三卷），中国人民解放军军事科学院译，解放军出版社 2005 年版。

> 这一目标的条件时还会有什么其他的目标。
>
> 实现这一目标的前提条件是，追求这一目标的一方必须在物质上或精神上占有很大优势，或者具有卓越的敢作敢为的精神，即富于冒险的精神。在不具备这些条件的情况下，军事行动的目标只能有两种：或者是夺取敌国的一小部分或不很大的一部分国土；或者是保卫本国的国土，等待比较有利的时机的到来。后一种目标通常是防御战的目标。
>
> 具体场合究竟确定前一种目标适当还是确定后一种目标适当，我们关于后一种目标所说的那句话对我们作了启示。等待比较有利的时机是假定未来确实有可能给我们提供这样的时机。因此只有在具有这种前景的情况下，我们才有理由进行等待，即进行防御战。相反，如果未来不会给我们带来更好的前景，而是给敌人带来更好的前景，那我们只能采取进攻战，也就是说，应该充分利用当前的时机。①

成吉思汗西征中亚地区的花剌子模王国时，若花剌子模苏丹听从太子的建议，集中优势兵力与成吉思汗在花剌子模边境进行决战，则战争的胜负孰难预料。因为花剌子模王国等不到未来的有利时机就会在成吉思汗的持续打击下溃败，而成吉思汗的军队则越来越壮大，以战养战，从入境时的 20 万迅速增加到 30 多万，时间于花剌子模是不利的，不如及早决战，这

---

① ［德］克劳塞维茨：《战争论》（第三卷），中国人民解放军军事科学院译，解放军出版社 2005 年版。

恰是克劳塞维茨“战争论”这段话的体现。

而中国抗战初期，却相反。国民政府过早地与日本决战（淞沪会战、南京保卫战）而大量丧失精锐，随后在不利的国际背景下孤军奋战五六年之后，才获得国际援助。事实上，时间对中国是有利的，当一开战就打持久战，主动退至地理第二棱线，前线依托地形与敌后游击节节抵抗消耗日军兵力，则抗战初期就不会那么惨烈，中国也会留下大量继续作战的骨干力量，而对日军的杀伤也会很大。淞沪会战和南京保卫战是在最有利于日本陆军的火力和日本海军力量发挥的地理环境下发生的，惨烈的损失险些使中国失去继续战斗的力量，这实在是国民政府当局重大的战略决策错误。所以说，中国在抗战初期就应当进入防御战，也恰是克劳塞维茨“战争论”这段话的体现。

克劳塞维茨《战争论》中的思想，影响德国及欧洲近二百年至今仍有广泛的影响力，但他的著作从诞生那天起又有一定的争论。

一方面，《战争论》一书中有些观点前后不一致，尤其是两次世界大战德国军人对《战争论》断章取义式的生搬硬套及第一次世界大战欧洲陆军对克劳塞维茨“会战”思想的机械理解，造成了重大伤亡，终成灾难。因此，一股怀疑《战争论》思想正确与否的思潮开始兴起，尤其以视“启蒙学派”为衣钵的瑞士裔法国将领约米尼和英国人李德·哈特为代表的“间接路线”一派批评尤甚，笔者在后面将有概述。

另一方面，《战争论》没有涉及海洋事务，对海洋战略的发展没有贡献。其实，这个批评有些不合常理。因为，克劳塞维茨所处的时代，正是拿破仑时代及随后欧洲大陆的大变革时代，作为投身于其中的克劳塞维茨来说，其核心思想和主要著作必定以此为参考，并为此服务，而不是转视关注于海洋。另外，克劳塞维茨本身是一位陆军军官和教员，海洋专业知识对其来说是陌生领域，没有从事过海洋事务而要求关注海洋并提出针对性理论，这超出了个人的能力范围。再者，《战争论》一书中虽然没有讲到海洋作战，但并不意味着其理论思想不适用于海洋。事实上，他的基本观念，如机会与摩擦、攻守之间的互动、战争为政策工具等都可以普遍地应用，而不受任何时空因素的限制。[①] 就如上面笔者摘录和评述的三十条克劳塞维茨的经典理论思想，大多都可以应用于海洋，在这里笔者之所以大篇幅引用并着重笔墨加以评述，正是为了探讨经典战略理论对海洋战略与海洋作战发展的影响。因此，克劳塞维茨《战争论》的核心思想在今天的海洋领域，同样具有鲜活生命力。

英国的海军史与海洋战略专家柯白，将克劳塞维茨《战争论》的思想发展到海洋战略理论中。柯白于 1911 年出版了著名的《海洋战略原则》一书，书中柯白明确提出海洋与大陆不是对立的关系，海洋战略只是大陆战略的延伸[②]等观点。柯白对克劳塞维茨的理论进行了有益拓展，用他的核心思想来指导海洋事务。柯白说，站在克劳塞维茨和约米尼所已经达到的终点上，我们只是站在这个问题的门槛上而已。我们必须从

---

① 钮先钟:《西方战略思想史》，广西师范大学出版社 2003 年版。

② 钮先钟:《西方战略思想史》，广西师范大学出版社 2003 年版。

他们离开的地点开始起步，并探求对于世界现状（海洋在其中已经变成一个直接而重要的因素）他们的意见又是怎样。[①]从柯白的海洋战略理论可以看出，柯白对19世纪两位战略大家——克劳塞维茨和约米尼的思想都有继承，但总体来说，柯白的思想属于克劳塞维茨的“反启蒙”一派，柯白的海洋战略思想基本上秉承克劳塞维茨思想的精髓。柯白指出，战争是一种政治关系，武力只是用来达到外交政策的目的，换言之，舰队的调度只是手段而非目的。[②] 柯白这段论述就是克劳塞维茨“政治决定战争，战争是政治的延续”思想的明确继承，并已推广至海军战略方面。

二、约米尼与马汉：从《战争的艺术》到《海权对历史的影响》

瑞士裔法国将领约米尼和克劳塞维茨是同时代最耀眼的战略明星，作为19世纪深受拿破仑战争的影响，二人的著作理论深度和实践价值颇大，作为“启蒙学派”的继承者，约米尼强调世界的可认知性和原则的稳定性，其著作《战争的艺术》中提出了八条军事准则以为世人借鉴。美国人马汉，蓝水海军的鼻祖，名扬天下的海权论专家，其著作《海权对历史的影响》的核心思想很大程度上继承了约米尼的衣钵。

约米尼是欧洲“启蒙学派”的继承者，“启蒙学派”学者

① 钮先钟：《西方战略思想史》，广西师范大学出版社2003年版。
② 钮先钟：《西方战略思想史》，广西师范大学出版社2003年版。

有如下四个共同的观点：

(1) 战争领域中有规律和原则的存在；

(2) 原则不变但应用千变万化；

(3) 原则的应用有赖于天才；

(4) 研究战争必须以历史经验为基础。[①]

约米尼的核心观点秉承了启蒙学派强调基本原则的传统，他指出，作为战争中一切良好组合基础的基本原则经常存在，这些原则不变，不受所用武器性质、时间、地点的影响。[②] 他还指出，战争的确有几条基本原则，虽然在不同环境中，有时应作必要的修改，但一般说来，在战争的混乱和动荡中，却可以当作主将的指南针。[③] 约米尼对原则的普遍适用性与原则不随时代和技术变迁而改变的观点深信不疑，这引起了约米尼和克劳塞维茨思想上激烈的交锋，19 世纪这两位战略大家的思想代表了“启蒙学派”与“反启蒙学派”的集大成，军事理论界因二人而大放异彩。

约米尼认为，战略可以简化成为普遍的原则，而战术则很难规范，并暴露在经常改变之下。[④] 其对战略和战术特点的表述有一定的准确性，但过于绝对化。军事实践表明，战略与战术都是变化多端的，都是有其适用条件的，环境变化了，那些所谓的“永恒不变的原则”就会跟着改变，只是这些原则必

① 钮先钟：《西方战略思想史》，广西师范大学出版社 2003 年版。

② 钮先钟：《西方战略思想史》，广西师范大学出版社 2003 年版。

③ 钮先钟：《西方战略思想史》，广西师范大学出版社 2003 年版。

④ 钮先钟：《西方战略思想史》，广西师范大学出版社 2003 年版。

须在环境达到一定量变时，才会发生“奇变”。譬如，枪炮和装甲突击力量对冷兵器的取代，航空母舰对战列舰的取代，高速铁路系统对传统运输方式的取代等，这些客观条件的划时代变化，带来了战场上的划时代变革，这些变化导致之前许多可以遵循的原则失去了生命力，这就是笔者所说的“奇变”思想的一种体现。

钮先钟先生认为，约米尼的核心观点可以概述如下：

> 战略为战争的关键。
>
> 一切战略都受制于不变而科学化的原则。
>
> 假使战略欲导致胜利，则这些原则要求在攻势行动中集中兵力在某一决定点上打击较弱的敌方兵力。[①]

下面，笔者针对约米尼的代表作《战争的艺术》一书中一些经典观点进行引述和评价：

> ……如果我们要制订对土耳其或者任何其他东非国家的作战计划时，必须区别于制订对俄国、奥地利、法国等国家的战争计划，因为前者的军队虽然人数众多，比较勇猛，但是他们的军队缺乏纪律性，没有秩序，不能在战争失利的时候调整好自己的状态，做不到沉着冷静地应战。[②]

联想到世界新兴国家海军，能不能做到有效进攻，作战初期若失利，能不能沉着冷静，有方法有耐心地去战斗，以化解不利局面，而免于崩溃的境地。对于正在大力加强海军建设的

---

① 钮先钟：《西方战略思想史》，广西师范大学出版社 2003 年版。

② ［瑞士］若米尼：《战争的艺术》，盛峰峻译，武汉大学出版社 2014 年版。

国家，武器装备的日新月异、快速发展，让民众热情高涨，若日后与对手发生战斗时，初期一旦战局不利，民众承受挫折的能力强不强，能不能沉着冷静应对，能不能有承受失败的担当和勇气，也是非常值得深思的事情。约米尼的这段话对军民两方面都有比较深刻的警醒意义，值得借鉴。

> ……一条非常普遍的原则：机动性的决定点是在敌方正面的翼侧，从那个地方我们能够很好地切断敌人跟基地以及援军的联系，而我军还能够避免冒着同样的危险。……
>
> 如果敌人的兵力在正面延展过宽，进行分散布置，那他们的决定点就是其中央，这个时候向敌军的中央进攻，就可以让敌军的兵力变得更加分散，从而让他们变得更加弱小。毫无疑问，这样敌军就会被分散击破，直至被全歼。①

约米尼关于战争中军队进攻着力点问题的描述是很恰当的，“机动性的决定点是在敌方正面的翼侧”这条原则至今仍很适用，不管是陆战、海战还是空战模式。

> 事实上，除了政治和战争之间有深刻的内在联系之外，在绝大多数的战局中，很多军事行动是为了达到某种政治目的而进行的，这些军事行动往往都很重要，但是也常常很不合理。我们从战略观点来看这些战争，会发现这并不是一场值得发生的战争，它们反

---

① ［瑞士］若米尼：《战争的艺术》，盛峰峻译，武汉大学出版社 2014 年版。

> 而会让我们犯严重的错误。……
>
> ……在选择政治性作战目标时，我们应该服从战略要求，在军队以武力还没有解决战争之前的最主要问题，就是这个问题。
>
> ……如果要将这条规则加以贯彻，我们就必须保证在战局中确定的政治性作战目标与战略原理保持一致，否则，就应该等战局取得了决定性胜利后，再实施这种政治性作战目标……①

约米尼的这段话非常经典，他指出了政治政策和战争或是战略的关系，这点和克劳塞维茨相似，就是政治政策决定战略或战争，在政治框架内要给予战略或战争以一定程度的自主权，在军事手段没有明确结果前，不要干涉他，在政治框架内，要做到《孙子兵法》所说的，将能而君不御。

在战争政策确定的前提下，应当给予军事指挥官最大的自主权以实现政治军事目标，而不应在战局未明了之前，用政治眼光来横加干涉军事行动，这样做的结果往往是苦涩的。

约米尼的经典论述被 19 世纪下半叶至 20 世纪初的最负盛名的海洋战略大家——马汉所继承。阿尔弗雷德·赛耶·马汉，美国海军学院院长，海权论鼻祖，蓝色海军理论的祖师爷。其影响力最大的著作就是《海权对历史的影响》，该书深刻影响了 19 世纪末至 20 世纪初世界海军的建设及作战理念，当时的德皇威廉二世疯狂地崇拜马汉，以《海权对历史的影响》所宣扬

① ［瑞士］若米尼：《战争的艺术》，盛峰峻译，武汉大学出版社 2014 年版。

的理念建设德意志第二帝国的海军，以挑战英国的海上霸权，英德之间的军备竞赛和第一次世界大战期间的对决深刻影响了世界格局，这恐怕是马汉本人也始料未及的。

与约米尼一样，马汉也同样遵循原则至上的理念，马汉的著作《海权对历史的影响》，其宗旨就是在回顾海战史的基础上，总结战争规律，进而发掘海权发展原则。马汉认为：

> ……战争确有这样一些原则，它们是通过对过去多次战争的胜利和失败的研究而确立的，是永远不变的。情况和武器都会有所改变，但是为了妥善地应付情况或成功地使用武器，就必须遵循那些永恒的历史教导……①

因此，马汉“海权论”很大程度上继承了约米尼的流派与理论，正如柯白将克劳塞维茨的经典理论引入海洋事务一样，马汉将约米尼的战争理论也引入了海权理论的探索当中。当然，因马汉个人事业和地位的巨大成功，而使后人更多地关注了马汉，而不是柯白，也不是他思想的“启蒙恩师”约米尼。

三、李德·哈特：战略论——间接路线

英国人李德·哈特回顾了20世纪以前的军事战略以及第一次和第二次世界大战的战略，评述了经典战略学理论，尤其

① ［美］A. T. 马汉：《海权对历史的影响（1660—1783）》，安常容、成忠勤译，解放军出版社1998年版。

是克劳塞维茨的《战争论》思想，提出了“间接路线”理论，阐述了“大战略”概念。他指出：

> 大战略的任务为协调和指导所有一切的国家（或国家组合）资源，以达到战争的政治目标。……军事力量仅为大战略工具中之一种，大战略更应考虑应用政治压力、外交压力、商业压力、道义压力以来减弱对方的意志。①

李德·哈特强调，“间接路线”是最有希望和最经济的战略形式。

“间接路线”理论对于海洋战略来说，即使拥有海权的一方，虽然在海上没有任何决定性会战，但是经济上的压力却足以使对手崩溃。对于这一点，美国做得最好，美国利用其强大的综合国力和号召力来限制和削弱对手的发展，打击敢于挑战美国利益的弱小国家，却从不向大国发动战争，对于大国只打代理人战争。因此，美国第二次世界大战后享有了长时间的世界性海权，苏联解体后更是变成独一无二的世界霸主，全球16条战略水道的控制权皆归其所有。而英国恰恰是一个反例，两次世界大战表面上是打垮了以德国为首的集团，实际上却是打垮了英国的世界霸权，英国人赢得了战争，却输掉了世界。究其原因，是因为英国为了争取这些胜利，付出了极大的代价，导致他战后无力巩固自己的地位。正如李德·哈特所说，一个国家把他的力量用到匮竭的阶段，结果必然会使他的未来

---

①［英］李德·哈特：《战略论：间接路线》，钮先钟译，上海人民出版社2010年版。

政策变得总破产。[①]

因此，李德·哈特的“间接路线”理论的精髓就是智斗，用最合理、最经济的战略实现自己的目的，用最绵亘的力量使自己长久地立于不败之地。[②] 因为第一次世界大战欧洲战场惨烈的伤亡，使思想界对克劳塞维茨的《战争论》产生批判思潮。思想界认为，欧战参战各方对克劳塞维茨战争理论的执迷与执行造成了如此结果，英国人李德·哈特就是批判克劳塞维茨思想的“急先锋”，其所提出的“间接路线”理论就是在这个背景下产生的。“间接路线”理论强调多种国家力量联合作用的效果，尤其强调非军事手段的运用，但李德·哈特有剑走偏锋之嫌，加深了世人对克劳塞维茨的误解。

笔者举一例，李德·哈特讲述战略层面事务，尤其讲大战略时，还是很好的，但其一旦离开战略而讲战史时，他将很多战术层面的东西，如战术包抄、行军路线的曲折等方面都归为“间接路线”，非常有失偏颇，给人以为了“间接”而“间接”之感。其实，纯粹的军事战略和战术，还是克劳塞维茨的理论更有强烈的指导和现实意义，特别是实操层面，这点李德·哈特远远不及。在这里，针对李德·哈特对克劳塞维茨批判的这件事，笔者说一段题外话。

事实上，《战争论》一书，克劳塞维茨写了十年，生前并

---

① ［英］李德·哈特：《战略论：间接路线》，钮先钟译，上海人民出版社2010年版。

② 刘洋、秦龙：《战略学和历史学视角下的国家海洋战略研究》，载《大连海事大学学报（社会科学版）》2015年第1期。

没有完成终稿，其在进行书稿的最后一次理论补充和梳理之时突然去世，是其妻子在克劳塞维茨遗留书稿的基础上，和一些学者一起加工整理而成。在克劳塞维茨生前，他已经意识到《战争论》书稿有再调整和补充梳理的必要，否则容易造成逻辑上的混乱。但他仅仅完成第一章的补充调整就溘然长逝，遗留给世人一部“仁者见仁，智者见智”的《战争论》。而其身后，欧洲各方对克劳塞维茨书中所阐述思想、理论的片面理解和机械运用，尤其是第一次世界大战德国军队对其理论的生吞活剥，造成了世人的误解。其实，克劳塞维茨的《战争论》思想无比深邃，极有借鉴价值和理论合理性，只是需要读者仔细梳理与理解才行。克劳塞维茨书中的哲学逻辑思维非常强大，其军事思想与军事实践非常贴近实际，其战史与对战争各方面的理解体现了一个军事家与历史学家的功底。可以说，克劳塞维茨是一位集哲学家、思想家、历史学家、政治家与军事家于一身的天才，其著作《战争论》正是这些多领域思想的集中体现。因此，《战争论》一书是很晦涩难懂的，笔者读过很多战略、战术和历史方面的书籍，《战争论》是最让笔者心累的一部，没有第二。

下面，笔者引入和评述一些李德·哈特的经典论述以为理论思想探讨，李德·哈特在其著作《战略论：间接路线》一书中指出：

……不过时至今日，这种军人统治者已经很少见了，在19世纪时，几乎暂时绝迹，于是若不把战略和政策之间的界线，明白划出来，则不免会有许多潜

> 伏的害处。因为它足以鼓励军人们，提出荒谬的要求，认为政策应该向他们的战略低头……①

李德·哈特的这段关于政策与战略关系的论述非常经典，军人左右政治，自古以来就是上层建筑的大忌。例如，第二次世界大战前和第二次世界大战期间的日本就是李德·哈特这段话的真实写照，日本军部绑架了国家政治政策，军人左右国家历史走向，给亚洲各国人民带来了沉重灾难。

> ……政府应该把任务的性质，明白地告诉军事指挥官，但是对于他如何运用他自己的工具，却不宜加以干涉……②

在政治框架内，"将能而君不御"的思想。

> ……战略是分配和运用军事工具，以来达到政策目的的艺术……③

政治政策决定战略的思想，但对战略的定义，仍然局限在军事工具的范畴内。

> 更进一步说，当战略学的视线是以战争"地平线"为界的时候，大战略的眼光却透过了战争的限度，而一直看到战后的和平上面……④

---

① ［英］李德·哈特：《战略论：间接路线》，钮先钟译，上海人民出版社2010年版。

② ［英］李德·哈特：《战略论：间接路线》，钮先钟译，上海人民出版社2010年版。

③ ［英］李德·哈特：《战略论：间接路线》，钮先钟译，上海人民出版社2010年版。

④ ［英］李德·哈特：《战略论：间接路线》，钮先钟译，上海人民出版社2010年版。

这就是李德·哈特所说的“大战略”理念，扩展了“战略”的范畴，强调不要仅着眼于战争本身，必须要知晓通过战争想要获得什么，必须要看到战后想达到什么样的利益获得，是谓必须看到“战后的和平”。

> 让我们假定有一位战略家，由政府授权给他去寻找一个做军事决定性的机会。他的责任就是在最有利的环境中，去寻找“决定”，以求能够产生最有利的结果。所以他的真正目的并非寻求会战，而是要寻求一个最有利的战略情况。这种情况即令它本身不能产生决定性的战果，可是若再继之以会战，则一定可以获得这种结果。换言之，使敌人丧失平衡，自乱阵脚，才是战略的真正目标，其结果不是敌人自动崩溃，就是在会战中轻易被击溃。要使敌人自动崩溃，也许还是需要一部分的战斗压力，可是在本质上，这与会战却完全是两件事。[①]

在战略上，主要靠间接路线而取得胜利是需要特定条件的。实际上，任何一场战事都是直接路线和间接路线的结合，李德·哈特举的许多例子实际上只是战术上的迂回而已，这在克劳塞维茨《战争论》中已有论述。

> ……军队的效力，就要靠这种新型方法[②]的发展来加以决定——这种方法目的，是渗入和控制一个地

① ［英］李德·哈特：《战略论：间接路线》，钮先钟译，上海人民出版社2010年版。

② 即“分进合击”。——笔者注

区，而不是占领“线”。这种目的是实际性的，以瘫痪敌人行动为原则，而并非理论性的，以击溃敌人兵力为原则。兵力的流动性可能会成功，而兵力的集中性却常常遭到硬性的失败……①

李德·哈特这段话可以引申出好几个借鉴价值。首先，他说的是军队前进的方法，就是“分进合击”，即分散前进、战场集中的方法，他反对兵力为了集中而集中。其次，他强调军队的行动目标是以瘫痪敌人行动为原则，而不是以击溃敌人兵力为原则，这个瘫痪敌人行动的用兵原则颇有军事智慧。最后，李德·哈特指出，军队控制一个地区，抑或控制一系列“点”，而不是占领整条“线”的思想可以引申到海洋事务上。譬如，要保护海上贸易线，抑或保障海上作战线，海外布“点”，依托这些“战略点”来控制和保护整条线是最好的方法，因为海上争斗，很难做到整条线都时刻保护到位，但是依托这些“战略点”的支撑，我们可以做到“动态保护”，就是重要兵力或补给将要通过时的保护，而不是时时保护，效果和效益反而很好。

李德·哈特关于战略和战术的基本要点提出了如下基本原则：

正面的

一、调整你的目的来配合手段……

二、心里永远记着你的目标……

---

① ［英］李德·哈特：《战略论：间接路线》，钮先钟译，上海人民出版社2010年版。

三、选择一条期待性最少的路线……

四、扩张一条抵抗力最弱的路线……

五、采取一条同时具有几个目标的作战线……

六、计划和部署必须具有弹性，以适应实际的环境……

反面的

七、当敌人有所戒备时，绝不要把你的重量投掷在一个打击之中……

八、当一次尝试失败之后，不要沿同一路线，或采取同一形式，再发动攻击……①

前五条原则，仁者见仁，智者见智，有其合理性，也有其局限性。第六条原则，笔者比较认同，计划和部署必须具有弹性，死板的硬性规定的战略或战争规划很难获得持续的胜利。

针对第七条原则，笔者认为，这条对于有进攻天赋的将军来说不一定适用。因为，指挥官可以声东击西，虽然对手准备充分，但可以通过迷惑手段，使对方判断错误，而进攻一方在其想要突破的地点投入重兵，一举达到目的。所以，李德·哈特提出的第七条原则过于绝对化。

针对第八条原则，笔者认为，这条也并不绝对，抗日战争期间，刘伯承指示陈赓在山西平定地区的“七亘村”重叠设伏（连续两次），皆重创日军。因此，李德·哈特提出的第八条原则需要视具体情况而定。

---

①［英］李德·哈特：《战略论：间接路线》，钮先钟译，上海人民出版社2010年版。

……军事目标必须受着政治目标的控制，不过其基本条件，却是政策绝不可以要求军事所不可能做到的事情。[①]

国家目的，即政治政策的目标，要切合实际，不能超出军事能力的范围。

……在进行战争的时候，就必须要注意到战后的利益。一个国家若使它自己的力量，扩张到濒临匮竭的程度，那么它自己的政策也将随之而破产。[②]

李德·哈特的这段表述与克劳塞维茨“胜利的顶点”的论述有异曲同工之妙，第一次世界大战期间的同盟国集团、第二次世界大战期间的轴心国集团都是这段话的反面典型。

对于一个军事性的目标，之所以能如此迅速获得胜利的缘故，主要的原因是战略而非战术，是运动而非战斗。[③]

军事胜利，首要是战略规划上能够占得先机，能够保证获得胜利，之后才是战役战术上的执行。因此，战略上一旦发生重大错误，则无论战术上如何弥补都改变不了失败的事实。太平洋战争期间中途岛战役，日军曾经横行一时的第一航母机动舰队遭到重创，参战的四艘航空母舰被击沉。究其原因，就是

① [英]李德·哈特：《战略论：间接路线》，钮先钟译，上海人民出版社2010年版。

② [英]李德·哈特：《战略论：间接路线》，钮先钟译，上海人民出版社2010年版。

③ [英]李德·哈特：《战略论：间接路线》，钮先钟译，上海人民出版社2010年版。

战略层面，联合舰队司令山本五十六和日本海军军令部战略指导上的重大错误所致，一再战略分兵，导致战术执行层面南云忠一左右为难的“窘境”，最后招致惨败。

获得军事胜利，是运动而非战斗。善于军事作战的指挥官都是善于机动的天才，通过运动，调动敌人，创造和把握战机，运动到最有利的方位再开始战斗，尽得先机。因此，对于一名指挥官来说，善于运动，比勇于战斗更重要。

> ……一支敌军或敌国的力量，表面看来，其表现的方式就是它的数量和资源，可是其真正的基础却是指挥、士气和补给上的稳定性。①

一支军队的战斗力，最重要的往往不是人数和武器装备，人员数量只要没有几何级数的差距，武器装备只要没有代差，则军队实力的基础就是在指挥官能力、部队士气和战斗补给的稳定性上。尤其是补给的稳定性问题往往容易被忽视，没有稳定补给的军队，终究不会发挥出强大战斗力的。

> 所谓间接路线的战略，其目的就是要设法使敌人丧失平衡，以产生一个决定性的战果……②

李德·哈特“使敌人丧失平衡”的观点，正是笔者所遵循的“体系论”的观点，战争的实际，不管是“直接方式”，还是“间接方式”，归根结底是扰乱敌人的战斗体系，从而使

---

① ［英］李德·哈特：《战略论：间接路线》，钮先钟译，上海人民出版社2010年版。

② ［英］李德·哈特：《战略论：间接路线》，钮先钟译，上海人民出版社2010年版。

敌人丧失平衡，而己方的体系相对高效运转，从而获得最后的胜利。

李德·哈特的“间接路线”理论，是经典战略理论的重要发展，其“大战略”的思想，将战略的观念向前推进了一大步，虽然其理论有偏执的倾向，但李德·哈特的许多观点都是首次提出，极大地推进了战略理论层面的进步。

英国人李德·哈特的《战略论：间接路线》是第一次世界大战后，军事理论界对战争进行反省时期的产物。由于第一次世界大战惨烈的伤亡，使理论界对克劳塞维茨的思想产生了一定的质疑与批判，尤其是克劳塞维茨的“强兵会战”思想，更是众矢之的。李德·哈特是这种批判思潮的“急先锋”，其进而提出“间接路线”的战略，强调依靠国家实力、依靠多种手段，而不仅仅是军事手段获得胜利。李德·哈特认为“间接路线”战略是最经济实惠的战略，虽有一定道理，但有矫枉过正之嫌。

四、西方战略学理论中的文化逻辑

欧洲启蒙时代后期，启蒙思潮出现了分化，一种是继续坚持启蒙思想的原则；另一种是批判启蒙思想的过于绝对化。启蒙思想的本质是认为世界是可认知的，复杂的世界是受少数原则制约的，这些原则具有普遍适用性，虽然时代和技术是发展的，但这些原则永恒不变。

批判一方认为，世界是高度复杂的，是运动的，是不易用简单的公式与经验原则描述的，没有普世皆恒准的原则存在，他们强调事物的不确定性与复杂性，强调天才的主导作用与精神力对事物的巨大影响。至 19 世纪初，两个流派同时出现了一位代表人物，启蒙一派为约米尼，反启蒙一派为克劳塞维茨，而马汉与柯白是对各自流派的继承并延伸到海洋上而已，归根结底还是启蒙与反启蒙之争。

（一）扩张式思维与霸权主义

从近代西方经典战略理论可以看出，不论启蒙还是反启蒙，西方文化思维的共同特点是倾向于下定义和给事情定性质，喜好用几何对称原理和数字的方法寻求事物的规律。欧美人长于组织、量化，所以体现在国家战略、军队建设、战场表现上，都是喜欢用数字说事。西方文化思维偏重博弈理念，喜好用“争”的思想去指导行为，本质上属于扩张式思维，其直接表现就是霸权主义。

霸权主义是指大国、强国，欺侮、压迫、支配、干涉和颠覆小国、弱国，不尊重他国的独立和主权，进行强行控制和统治。霸权主义包括世界霸权主义和地区霸权主义。霸权主义的重要表象有两个：一个是喜欢用战争的方法解决问题；另一个是喜欢用经济制裁与战略威慑手段来制敌。

对于战争与经济制裁手段，回顾西方的“发家史”可以清晰地看出其中的脉络。近代以来，按时间先后顺序，葡萄牙、西班牙、荷兰、英国都曾是世界海洋霸主，美国是现任世界霸主，这五个国家都是依靠其强大的海军力量通过战争夺取并维持海上霸权，并通过海外殖民地与海外贸易积累大量财富、促进海洋经济的迅速发展，最终建立基于海洋霸权的金融霸权，从而称霸世界。

（二）战略威慑

对于战略威慑手段，笔者通过英美历史上五个战略威慑案例的叙述来直观地展现它的作用，我们也可以直观地看到西方战略文化思维的逻辑。

1. 英国皇家海军震慑美德日等新兴海洋强国的军力展示

1897 年 6 月 26 日，世界最强大的海军部队在英国斯皮特海德集结，以庆祝维多利亚女王的“钻石庆典”。超过 165 艘英国战舰，包括 21 艘一级战列舰和 54 艘巡洋舰①，聚集在一起，场面震撼，展示了英国皇家海军无与伦比的实力与作战能力。英国皇家海军无论是舰队规模还是军舰质量都是世界绝对的第一，其他海洋大国的军舰联合起来也无法战胜英国海军，这一刻英国“日不落”帝国的荣耀达到了顶峰。对于美国、日本和德国来说，与英国大舰队正面对决是不明智的，美国转而通过威慑而不是挑战英国来获得其在美洲及太平洋的利益；而日本则直接选择与英国结盟以保证日本在亚洲的利益与平衡美国在太平洋的影响力；德国则选择继续与英国联合以在全球范围内获得海外利益；至于德国海军实力快速增长后，德皇威廉二世越来越耐不住性子要挑战英国的世界霸权却是后话。总体来说，当时英国的军力展示获得了成功。

---

① ［英］保罗·肯尼迪：《英国海上主导权的兴衰》，沈志雄译，人民出版社 2014 年版。

2. 美国海军对英德意封锁委内瑞拉的回应

1902年末，为了保护美国在南美洲的利益，争夺对美洲事务的主导权，美国海军集结兵力，在英德意三国联合封锁委内瑞拉期间举行了声势浩大的冬季演习。[①] 英国政府在权衡利弊之后，没有发动对美国的战争，而是选择从“西半球”的战略撤退，1903年2月英德意联军解除了对委内瑞拉的封锁。英国承认了美国在“西半球”及太平洋的主导地位，承认了美国对巴拿马运河的控制权，而英国自身则专注于“东半球”的霸权，但美国也得保证英国的利益在其控辖范围内不受侵犯。英国是个政治成熟的国家，其国家政策以国家利益为根本，为了全局可以舍弃局部，这种成熟使英国的海上霸权又维持了近40年。美国海军的这次战略威慑获得了最意想不到的成功，奠定了美国快速崛起的基础。

3. 美国大西洋舰队的全球巡航

1907年12月至1909年2月，美国大西洋舰队做了一次全球巡航，该舰队共有26艘军舰组成，其中，大型巡洋舰16艘、鱼雷艇6艘、补给舰4艘，实力强悍。巡航舰队自美国弗吉尼亚起航，绕过南美洲到达西海岸，继而前往日本、中国，最终绕地球航行一周，历时14个月，返回美国本土，总航程达46000海里。

美国这次全球巡航有两层深意，一层对内，另一层对外。对内，美国总统西奥多·罗斯福为了改变国会对扩张海军的反

---

① ［美］乔治·贝尔：《美国海权百年：1890—1990年的美国海军》，吴征宇译，人民出版社2014年版。

对态度[1]，策划了这次巡航行动，以让国会看到强势海军的政治效益；对外，让世界其他海洋大国，尤其是英、德、日不敢小觑美国海军，彰显美国对世界事务的介入能力，更重要的是，震慑日本，使日本不要对太平洋及东南亚有非分之想。这次全球巡航的政治效果是显著的，日本将美国此次巡航看成例行公事，日本领导人也抓住机会表达“和平”的愿望，正如罗斯福总统所说的，日本政府以及来自日本的压力所制造的各种麻烦都魔术般地停止了。[2] 这就是美国大西洋舰队全球巡航宣示海权的价值所在。

4. 美国及世界首艘核动力航空母舰“企业”号的全球巡航

1964 年 7 月 31 日开始，“企业”号核动力航空母舰与“长滩”号和“班布里奇”号核动力巡洋舰组成的全核舰队，执行了“海洋环游”行动，进行环球巡航。[3] 航行期间，全核舰队进行了大量舰载机起降和火力显示训练，攻击力与续航力十分强大，舰队不停顿、不加油、不补充弹药、不靠岸，航行历时 65 天，历程 49190 公里，充分证明了核动力航母舰队无限航程与高机动能力的战略优势与战术意义。

此次巡航行动恰值“古巴导弹危机”刚刚结束，越战刚

---

① ［美］乔治·贝尔：《美国海权百年：1890—1990 年的美国海军》，吴征宇译，人民出版社 2014 年版。

② ［美］乔治·贝尔：《美国海权百年：1890—1990 年的美国海军》，吴征宇译，人民出版社 2014 年版。

③ 现代舰船：《大国重器：现代舰船精华本（航母篇）》，机械工业出版社 2013 年版。

刚开始，美国以此种方式向世界尤其是苏联宣示美国海军的强大机动力与打击力。按此能力，美国可以保证“企业”号核动力航空母舰40天以内就出现在越南附近海域，此种战略威慑与战争能力，世界上没有任何一个国家可以做到，极大地宣示了美国海权，震慑了苏联从海上帮助北越的企图，达到了战略威慑的目的。

5. 英国“威尔士亲王”号的东南亚战略威慑任务

以上4次代表性的战略威慑特别成功，但是战略威慑手段不能过度使用，政治高层要对局势走向和技术发展等多方面有准确的把握。太平洋战争初期，英国皇家海军的象征——“威尔士亲王”号战列舰的东南亚战略威慑任务就是失败的典型。

太平洋战争爆发前，鉴于日益严峻的局势，英国派遣“威尔士亲王”号战列舰、“反击”号战列巡洋舰和4艘驱逐舰组成“Z”舰队前往新加坡，执行战略威慑任务，警告日本不要在南太平洋轻举妄动。但是，英国人低估了日本人的力量，认为只要派上2艘大型战舰，就能把日本人吓跑。因此，派舰队的主要目的不是作战，而是向日本人展示实力。再加上“威尔士亲王”号恰好赶上海军航空兵取代战列舰的历史性变革，其结局可想而知。1941年12月10日，日本陆基海军航空兵出动85架飞机，约用2个小时就把两艘战列舰和4艘驱逐舰干净利落地彻底消灭了，而日本只付出了被击落3架飞机、21人阵亡的微弱代价。

英国“Z”舰队的全军覆没，是海战史上第一次航行中的战列舰被空中力量独自击沉，这次事件成为战列舰海上霸主地位被空中力量剥夺的标志。“Z”舰队的惨烈结局，其责任在于英国政府，在于以丘吉尔为首的内阁的战略误判与对海战模式历史性变革的迟钝，这是一次彻底失败的战略威慑，值得后人警醒。

（三）“签订和约”思想

西方文化思维中还有一个非常重要的思想，就是“签订和约”的思想，胜利成果以和约模式固定和维持是从古至今西方世界特别喜好用的模式。

国际海洋秩序是在一定的历史阶段产生并随着国际政治、经济关系的变化而不断发展的，地理大发现以前，是以中国海上丝绸之路为代表的和平贸易秩序主导；地理大发现以后，首先是葡萄牙和西班牙争夺海上霸权，接着英法美等新兴海上强国争夺海洋霸权，战争是建立海洋秩序的主要手段，海洋规则主要是关于战争的规则。因此，对海战本身的规制，成为这一时期条约规范的重心。第二次世界大战以后的海洋秩序，开始由国际条约体现和确定。这种发展的趋势和轨迹，反映了西方文化思维中“签订和约”思想的发展与变化。

第三章

古近代中国经典战略理论

中国的经典战略理论浩如烟海、博大精深，笔者选取《孙子兵法》和近代时期蒋百里的《国防论》来探讨古近代中国的经典战略理论，进而引出中国战略理论中的文化精髓。

一、经典中的经典——《孙子兵法》

中国兵家智慧的“鼻祖”——孙武的《孙子兵法》，其思想内涵十分深邃与实用，笔者摘出对战略思想十分有用的部分予以使用，以求探索其中的文化逻辑。

《孙子兵法》十三篇，是中华军事思想的鼻祖，虽经两千五百多年，而依旧熠熠生辉。现今，《孙子兵法》早已深入各个领域，笔者就战略方面对《孙子兵法》进行概要性解读。现存世《孙子兵法》版本较多，各有表述，虽整体篇章文字大体不差，但细究之下又有很多不同，故本书以中国战略家蒋百里先生和刘邦骥先生合著的《孙子浅说》为准。

《孙子兵法》十三篇，结构严谨、条理清晰、逻辑严密、行文流畅，其作者孙武用最朴实易懂的语言，详述了军事与国家诸要素之间的关系，从战略和战术两方面对兵学进行了系统阐述。其中，第一篇至第六篇重点讲述的是战略问题，第七篇至第十三篇重点讲述的是战术问题。下面笔者针对《孙子兵法》十三篇中，对战略思想有借鉴价值的正文，进行引用和评述。

（一）计篇第一

《孙子兵法》正文第一篇为“计篇第一”，第一篇实为总论，讲述了谨慎对待战争的态度，强调对待战争要认真考察研究，不可疏忽。孙武以兵事五维来讲述如何获得战争的胜利，这五维分别是道、天、地、将和法。

“道者，令民与上同意也，故可与之死，可与之生，而民不畏危。”[①] 讲述了何为天道，就是政府与人民利益一致，上下一心，则百姓可以不畏生死地去保卫共同的利益，是谓“得天道”。

“天者，阴阳、寒暑、时制也。”[②] 知天时，是为将者的必备要素之一，孙武定义的天时，包括白昼黑夜、天气冷暖和四季交替[③]三个方面。不知天时者，必将陷入危险之地，譬如，赤壁之战中的曹操，只死守着冬天不会刮东南风这一死规律，结果对天时失察，为仅刮了几天的东南风所败。

“地者，远近、险易、广狭、死生也。”[④] 孙武所说的地利包含战场距离出发地的远近、战场地势是险要还是平缓、战场

① 蒋百里、刘邦骥：《孙子浅说》，武汉出版社 2011 年版。
② 蒋百里、刘邦骥：《孙子浅说》，武汉出版社 2011 年版。
③ 蒋百里、刘邦骥：《孙子浅说》，武汉出版社 2011 年版。
④ 蒋百里、刘邦骥：《孙子浅说》，武汉出版社 2011 年版。

地域是宽广还是狭小、战场地形是死地还是生地四种情形。孙武在“九地篇第十一”详细讲述了九种地形及其战法，这九种地形分别是：散地、轻地、争地、交地、衢地、重地、圮地、围地和死地。这九地就是远近、险易、广狭、死生四方面地利的具体体现，孙武指出，是故散地则无战，轻地则无止，争地则无攻，交地则无绝，衢地则合交，重地则掠，圮地则行，围地则谋，死地则战。[①] 不熟练掌握这九种地形作战方法的将军，可以说是不知地利，不可用。

“将者，智、信、仁、勇、严也。”[②] 为将之道，首先指挥者得拥有智慧，孙武强调“智将”的观念，其军事思想讲究先胜而后战，因此，孙武将“智”列为将者的第一要素。排在第二位的是“信”，一名将军所带出的部队之所以有战斗力，很重要的一点，就是部属对将军信服，无论从能力上，还是人格上皆如此。一名将军之所以能做到这一点，就在于“信”字，言出必行、一诺千金，为将者有信用，则部属士卒能用死命，军队战斗力自然强劲。排在第三位的是“仁”，一位体恤士卒部属的将军，一位爱兵如子的将军，其所领导的军队凝聚力必然强大。“勇”字排在第四位，超出很多人预料。一般认为将军首要应该具备的素质就是勇敢，而孙武却认为，为将者，最容易做到的，就是“勇”。“勇将”很容易采用直接的方法来进行战争，也很容易采用直接的方法来统御部队，缺少“智、信、仁”的将军，再怎么拥有“勇”也难以成为

---

① 蒋百里、刘邦骥：《孙子浅说》，武汉出版社 2011 年版。

② 蒋百里、刘邦骥：《孙子浅说》，武汉出版社 2011 年版。

真正的名将。排在最后一位的是“严”，很多主将没有真正做到严厉，何谓严厉？有功必赏，有罪必罚，触犯军法者必被惩，违反战术纪律者也必被罚，如此带出的军队，井然有序、临危不乱、军令顺畅，则自然容易获得胜利。“智、信、仁、勇、严”是一个有机的整体，缺一不可，顺序也不可调换，为将者能做到这五点，则具备了成为名将的基础，其所带领的军队就容易成为无坚不摧的雄师。

“法者，曲制、官道、主用也。”[①] 孙武所说的军队法制，指的是军队作战及指挥系统的编制，军队人事的任免和军队物资及财务管理。以上三点，是一支军队最重要的组成部分。一支军队胜利的真正基础是指挥、士气和稳定的补给，“曲制”是指挥顺畅的保证；“官道”是部队士气高涨的重要因素，为什么这么说呢？能者居其职，唯能力说话，军队人事自然顺畅，军人想要立功，就必须上战场，基于此，则军队士气自然高；“主用”正是补给和后勤稳定高效的基础，正是以上原因，“法者”为军队高效运转的基本保证。

道、天、地、将和法五个方面，为将者必须都同时具备和掌握，做到的，作战容易获胜，做不到的，作战极易失败。

“夫未战而庙算胜者，得算多也；未战而庙算不胜者，得算少也。多算胜，少算不胜，而况于无算乎！吾以此观之，胜负见矣。”[②] 孙武的这段话意境非常高远，军队在战场上决胜，不是因为军人勇敢善战，而是因为“未战而庙算胜”，是因为

---

① 蒋百里、刘邦骥：《孙子浅说》，武汉出版社 2011 年版。
② 蒋百里、刘邦骥：《孙子浅说》，武汉出版社 2011 年版。

军事政治高层在战略上算得多、算得准，笔者称之为在战略与战役规划上保证胜利。

（二）作战篇第二

“作战篇第二”论述的是军政与财政的关系[1]，也就是旷日持久的战争对财政的巨大消耗与危害。在这一篇中，和战略思想相关的语句如下：

> 久则钝兵挫锐，攻城则力屈，久暴师则国用不足。夫钝兵挫锐，屈力殚货，则诸侯乘其弊而起，虽有智者，不能善其后矣。故兵闻拙速，未睹巧之久也。夫兵久而国利者，未之有也。故不尽知用兵之害者，则不能尽知用兵之利也。[2]

孙武的这段话，首先说了长时间用兵的危害，用兵久拖不决，则士气受挫、攻击力受损、国家财政崩溃。若再一战有失，则群雄皆会趁机削弱你，甚至攻伐你，如此一来，就算诸葛亮再世，也无法“挽狂澜于既倒，扶大厦立将倾”。

其次从作战思想上说，孙武强调“速战”的思想，不战则已，战则疾风骤雨。孙武同时又强调“有效战”的思想，攻必克，锐不可当。这两方面结合在一起，就是孙武在本篇最后提出的“故兵贵胜，不贵久”[3] 的论断。

最后孙武还提出，“不尽知用兵之害者，则不能尽知用兵之利也”这样的“慎战”思想，凡兵事，首先要想害处在哪

---

① 蒋百里、刘邦骥：《孙子浅说》，武汉出版社 2011 年版。
② 蒋百里、刘邦骥：《孙子浅说》，武汉出版社 2011 年版。
③ 蒋百里、刘邦骥：《孙子浅说》，武汉出版社 2011 年版。

里，之后才能较好获得利益，要有全局观念，打“算定战”，不打“糊涂战”，不战则已，战则一剑封喉。

（三）谋攻篇第三

“谋攻篇第三”论述的是军政与外交的关系。[①] 孙武强调“谋交”的重要作用，强调“慎战”思想和“知胜之道”。

“是故百战百胜，非善之善者也；不战而屈人之兵，善之善者也。”[②] 孙武认为“百战百胜”都算不上高明的事情，不发动战争而使对手屈服，才为“全功”，是最高明的战法。

“故上兵伐谋，其次伐交，其次伐兵，其下攻城。”[③] 孙武主张按照“谋略”“外交”“野战”“攻城”的顺序进行用兵，最反对将领冒失地命令士兵攻城，伤亡三分之一，城还没攻下来的话，就会导致真正的灾难，而使自己在后续的作战中处于疲软的状态，以致最后全面崩盘。将领在攻城之法使用之前，一定要仔细考量，能用野战的方法，不用攻城的方法；能用外交手段解决问题，不用野战；能用谋略的方法达到目的，就不用外交手段。

孙武给谋和攻的方法下了定义，他说：“故善用兵者，屈人之兵而非战也，拔人之城而非攻也，毁人之国而非久也。必以全争于天下，故兵不顿而利可全，此谋攻之法也。”[④] 谋攻之法的精髓在于兵不顿而利可全，是谓利益的最大化，能够保

---

① 蒋百里、刘邦骥：《孙子浅说》，武汉出版社 2011 年版。
② 蒋百里、刘邦骥：《孙子浅说》，武汉出版社 2011 年版。
③ 蒋百里、刘邦骥：《孙子浅说》，武汉出版社 2011 年版。
④ 蒋百里、刘邦骥：《孙子浅说》，武汉出版社 2011 年版。

全自己的有生力量而获得最大的利益，从而可以将自己的力量再用于下一个方向，再获得更大的利益，以此而全争于天下。

“故知胜有五：知可以战与不可以战者胜，识众寡之用者胜，上下同欲者胜，以虞待不虞者胜，将能而君不御者胜。此五者，知胜之道也。”[①] 孙武从战略角度讲述了五个可以取得胜利的情形，分别是：知道可以作战与不可以作战的一方取得胜利；善于配置兵力的一方取得胜利；君民、将士上下一心的一方取得胜利；准备充分的一方战胜准备不充分的一方；将领有才能而国君及高层不干预、不掣肘的一方取得胜利。

（四）形篇第四

“形篇第四”论述的是军政与内政的关系。[②] 在这篇中，孙武用大量篇幅讲述了不可胜与可胜的关系，“故曰：胜可知，而不可为”。[③] 讲述了攻与守之境界，“善守者藏于九地之下；善攻者动于九天之上，故能自保而全胜也”。[④] 讲述了善战者，先使自身立于不败之地，尔后抓住敌人的失误，击败敌人，“是故胜兵先胜而后求战，败兵先战而后求胜”。[⑤] 但这些叙述皆为铺垫，孙武真正想要讲述的反而是军事与内政的关系，他强调政治修明和遵守法度的重要性，“善用兵者，修道而保法，故能为胜败之政”。[⑥] 他说影响军事作战的内政环节

① 蒋百里、刘邦骥：《孙子浅说》，武汉出版社 2011 年版。
② 蒋百里、刘邦骥：《孙子浅说》，武汉出版社 2011 年版。
③ 蒋百里、刘邦骥：《孙子浅说》，武汉出版社 2011 年版。
④ 蒋百里、刘邦骥：《孙子浅说》，武汉出版社 2011 年版。
⑤ 蒋百里、刘邦骥：《孙子浅说》，武汉出版社 2011 年版。
⑥ 蒋百里、刘邦骥：《孙子浅说》，武汉出版社 2011 年版。

有五个方面，分别是：度、量、数、称和胜，度就是丈量，丈量什么呢？就是丈量土地。量就是称量，数就是人数，称就是比较，胜就是胜利。这五个方面环环相生，“地生度，度生量，量生数，数生称，称生胜”。[①] 对土地进行丈量，从而计算粮食产量，粮食产量决定农和兵的人数，从而决定敌我双方财货粮食和征兵人数的多少，决定敌我双方的力量对比，进而决定战争的胜负。

（五）势篇第五

然而，形与势是天然的一体，不可分，正所谓形势是也。“势篇第五”讲述的是“奇正之妙用”。[②] “凡战者，以正合，以奇胜。”[③] 所以善于用兵作战的人，往往以奇兵制胜，战术变化多端，其用兵讲究节奏，就如音阶的变化一样，正与奇相互转化，出人意料。作战中，善用兵者，非常善于利用有利的形势以达到事半功倍的效果。

（六）虚实篇第六

“虚实篇第六”讲述的是虚虚实实的道理。正所谓“兵者，诡道也。故能而示之不能，用而示之不用，近而示之远，远而示之近”。[④] 作战讲究虚实结合，讲究调动对手，正如孙武所说，“故善战者，致人而不致于人”。[⑤] “故形人而我无形，

---

① 蒋百里、刘邦骥：《孙子浅说》，武汉出版社 2011 年版。
② 蒋百里、刘邦骥：《孙子浅说》，武汉出版社 2011 年版。
③ 蒋百里、刘邦骥：《孙子浅说》，武汉出版社 2011 年版。
④ 蒋百里、刘邦骥：《孙子浅说》，武汉出版社 2011 年版。
⑤ 蒋百里、刘邦骥：《孙子浅说》，武汉出版社 2011 年版。

则我专而敌分”[1]。

孙武说：“吾所与战之地不可知，不可知，则敌所备者多；敌所备者多，则吾所与战者寡矣。故备前则后寡，备后则前寡，备左则右寡，备右则左寡；无所不备，则无所不寡。”[2]这句话，尤其是最后一段“无所不备，则无所不寡”，对于战略问题的研究非常有借鉴价值。战略布局最忌讳处处防备，则处处兵力不足而漏洞百出，“无所不备”的结局必然是拖垮自身的国力，而受制于人，甚至是兵败国损。

中国战略家蒋百里先生是这么点评《孙子兵法》第七篇至第十三篇的：

> 《军争第七》者，妙算已定、财政已足、外交已穷、内政已饬、奇正变数已熟、虚实之情已审，即当授为将者以方略，而战斗开始矣。《九变第八》论战斗既起，全在乎将之得人乃能临机应变，故示后世以将将之种种方法。九者，极言其变化之多也。《行军第九》论行军之计划也。《地形第十》论战斗开始之计划也。《九地第十一》论战斗得胜、深入敌境之计划，故以深知地形为主。地形之种类不可枚举，故略举其数日九也。《火攻第十二》者，以火力补人力之不足也。《用间第十三》者，以间为诡道之极则，则而妙算之能事尽矣，非有道之主则不能用间，而反为敌所间，可见用间为妙算之作用也。[3]

---

① 蒋百里、刘邦骥：《孙子浅说》，武汉出版社 2011 年版。
② 蒋百里、刘邦骥：《孙子浅说》，武汉出版社 2011 年版。
③ 蒋百里、刘邦骥：《孙子浅说》，武汉出版社 2011 年版。

这七篇主要讲述的是战术问题，包括地形、地势、行军、作战、火攻、用间等诸多具体细节和原则，军事意义影响非常深远，至今仍有较多借鉴价值，由于本书是讲述战略问题，故不再累述，仅择出与战略思想相关者加以评述。

“是故军无辎重则亡，无粮食则亡，无委积则亡。故不知诸侯之谋者，不能豫交；不知山林、险阻、沮泽之形者，不能行军；不用乡导者，不能得地利。”① 军队没有辎重必亡，没有粮食必亡，没有储备必亡，因此，稳定的补给实为军队战斗力的基础之一。不知道其他国家的谋略和利益所在，就不能贸然结交；不了解山川地形、江河湖海之险易与详情，就不能贸然行动；不联合熟悉情况的当地人为引导，就不能掌握地利，孙武说出了“军争”的战略精髓。

“非利不动，非得不用，非危不战。主不可以怒而兴师，将不可以愠而致战。合于利而动，不合于利而止。怒可以复喜，愠可以复悦，亡国不可以复存，死者不可以复生。故明君慎之，良将警之，此安国全军之道也。”② 孙武这段话说出了用军事手段解决问题的标准，那就是“非利不动，非得不用，非危不战”。而孙武关于“慎战”思想在这里更加展露无遗，君主不可以因为发怒而发动战争，将领不能因为沉不住气、一时气愤就发动军事进攻。符合我方的利益时才可以进行战争，当战争因形势目标变化不再符合我方利益时，就必须果断停止战争。心情可以转化，而亡国不能复存，死者不能复生，国家

① 蒋百里、刘邦骥：《孙子浅说》，武汉出版社 2011 年版。

② 蒋百里、刘邦骥：《孙子浅说》，武汉出版社 2011 年版。

精华一旦灭失，则悔之晚矣。因此，贤明的“君主”对待是否发动战争的态度都要非常谨慎，领兵的将领需要警醒，这才能真正保证国家安全和军队的实际效用。

二、蒋百里：《国防论》

中国战略家蒋百里先生的《国防论》是近代中国战略思想的集大成者，他善于“洋为中用”，对《孙子兵法》和克劳塞维茨的《战争论》都有独到的见解。他在《国防论》中提出了“战斗力与经济力不可分”这种国防经济学理论，蒋百里先生认为：

> 因为经济力，即是战斗力，所以我们总名之曰国力，这国力有三个元素：一是“人”，二是“物”，三是“组织”；如今世界可以分作三大堆[①]，三个元素全备的只有美国。有“人”有“组织”，而缺少“物”的，是欧洲诸国，所以英法拼命要把持殖民地，意德拼命要抢殖民地；有“人”，有“物”，而缺少“组织”的，是战前的俄国，大革命后，正向组织方面走，这是世界军事的基本形势。[②]

蒋百里先生指出，“生活条件与战斗条件之一致，即是国防

① 指的是20世纪初的国际形势。——笔者注
② 蒋百里：《国防论》，岳麓书社2010年版。

经济学的本体”,[1]“强兵必先理财”。[2] 他进一步说，“生活条件与战斗条件一致则强，相离则弱，相反则亡”。[3] 这句话深刻说出了战略与经济的关系，空有军力而无经济支持，空有经济优势而无强大军力，都非但不会强国，反而会令国家越来越弱，直至亡国。蒋百里先生“生活条件与战斗条件一致则强，相离则弱，相反则亡”这句话，对战略理论研究具有原则性指导作用。

> 国于世界，必有所以自存之道，是曰国本。国本者，根诸民族历史地理之特性而成，本是国本，而应之于内外，周围之形势，以策其自存者，是曰国是。国是者，政略之所从出也。战争者，政略冲突之结果也。军队者，战争之具，所用以实行其政略者也，所用以贯彻其国是者也，所用以维持其国之生存者也。故政略定而战略生焉，战略定而军队生焉，军者国之华，而未有不培养其根本，而能华能实者也。[4]

蒋百里先生对“政略”、“战略”和“军事”之间的关系进行了阐述，肯定“政略”对“战略”、“战略”对“军事”的指导作用，提出“国本”概念。“政略”“战略”为本，不培养确定其根本，不能制定合乎自身利益条件的宏观战略，则军事上不可能真正地走向强大，是谓“军者，国之华，而未有不培养其根本，而能华能实者也”。

---

① 蒋百里:《国防论》，岳麓书社 2010 年版。
② 蒋百里:《国防论》，岳麓书社 2010 年版。
③ 蒋百里:《国防论》，岳麓书社 2010 年版。
④ 蒋百里:《国防论》，岳麓书社 2010 年版。

蒋百里先生提出一个重要原则，那就是：（1）兵法的确定是必要的（确定是预备将来）。（2）兵法的固定是不可的（固定是固守旧习），而“不为”与“迟疑”是兵法之大戒。[①]“不为”与“迟疑”对国家战略问题皆有重大负面作用，当为世人警醒。

蒋百里先生还对“现代文化”与“新人生观”提出了自己的理念：

> 锻炼个性，使能服务于群众——群众需要有个性的英雄，不是无力的奴隶。
>
> 努力现在，以求开拓于将来——将来发展的是确实的现在。[②]

最后，蒋百里先生强调，“有知识的人才配谈经验，肯研究的人才配谈阅历”。[③] 他引用一位法国将军的话，你们开口重经验，闭口贵阅历。那么我胯下这头非洲驴子，就可以带兵打仗，因为它在非洲身临前敌的时机比我多，很有些经验和阅历了——然而我们可不愿做驴子。[④] 这个引用，表达了蒋百里先生的治学态度，也直接而又形象地表明了研究战略理论的重要性，“经验论”与“阅历说”，不能取代“理论上”的研究，“理论上”的研究的根本在于文化思维上，这也正是本书宗旨之所在。

---

① 蒋百里：《国防论》，岳麓书社 2010 年版。
② 蒋百里：《国防论》，岳麓书社 2010 年版。
③ 蒋百里：《国防论》，岳麓书社 2010 年版。
④ 蒋百里：《国防论》，岳麓书社 2010 年版。

三、中国战略理论中的文化精髓

战略理论中的文化精髓，即战略思想内涵，亦即战略思维逻辑，笔者提出中国战略理论中的几个特点，以供读者参考。

（一）内敛式思维

中国的战略理论本质上属于内敛式思维，知进退，兼容并蓄。

中国战略思想一个突出特点就是不穷兵黩武，不盲目扩张，善于与他国获得共同利益。直接表现就是，中国能守住自己的"基本面"，知道"利益的边疆"在哪里，这与西方战略思想中的无限扩张、霸权主义、强兵会战差别较大。所以，几千年下来，中国守住了自己的基本疆土。反观西方历史上的强国，美国立国不到三百年暂且不论，而俄罗斯在激烈的历史变迁中成倍扩大了领土是唯一个例，其他诸如英国的"日不落帝国"、意大利的罗马帝国、德国的"第二帝国"、法国的"拿破仑帝国"；等等，千年下来仍只局限于"最初之一隅"，究其原因是其文化思维中没有"利益边疆"的概念，不知收敛，尤其是近现代以来西方资本的无限扩张，更是自食其果。

"不争天下之交，不养天下之权，信己之私，威加于敌"，[①] 合理有力地争夺战略的制高点，使对手不敢贸然侵犯自身利益，是中国内敛式战略思想的核心理念。

---

① 蒋百里、刘邦骥：《孙子浅说》，武汉出版社 2011 年版。

（二）善于“悟”

中国人相对于欧美人的优势在于思想和思维，按老百姓的话说，善于“猜”，就是没有充分的资料和情报，也能大概揣摩出对手的意图，这是中国人的优势，“猜”字的背后，就是“悟”。没有平时“悟”的积累，何来“猜得准”。“悟”，是中国人几千年来思想的精髓所在。中国的战略思想博大精深，美国人只把《孙子兵法》作为西点军校的必修课之一，以期能赶上中国的战略思想，却殊不知中国不仅仅有《孙子兵法》，更有其五千年的历史文化，这才是根本，悟通历史，就等于自己多活了五千年。掌握了历史规律性，秉承文化传承性，看问题就能抓住要害，就能坐得稳，打得准，事半功倍。

（三）“慎战”思想

“兵者，国之大事，死生之地，存亡之道，不可不察也。”①“慎战”思想是中国军事战略的一个重要思想，已深入中华民族文化心理的深层，成为民族的文化基因。“不战而屈人之兵”，是中华民族的战争观。

“慎战”思想也同时要求，凡兵事要先想害处在哪里，之后才能较好地获得利益，要有全局观念。

（四）体系论

所谓体系论，就是用全面的眼光，冷静的思维，看准体系中的支点，抓住重点。我们以战争为例，战争的实质是体系之

① 蒋百里、刘邦骥：《孙子浅说》，武汉出版社 2011 年版。

间的对抗，一两种新武器可以丰富战术的选择，提高系统整体效费比，但从根本上说是不具有决定战争胜负意义的。不能唯武器论，武器是很重要的，紧跟甚至超越世界顶尖技术是我们坚定不移的目标，但作战体系的建设同样要紧跟技术革新潮流，甚至要创新，要建设高效的作战体系，同样是我们坚定不移的目标。不管用什么方式，用什么手段，总之是要打击以及扰乱敌人的作战体系。古今中外，大多数战争失利一方都是作战体系的率先崩溃。体系破击，不仅仅指的是打击敌人节点、破敌体系，而是对敌人整个军事体系的打击，不仅仅是对武器上的，更是对敌人军事组织体系的有效打击。

体系论实为看问题的一柄利器，凡事以体系的高度为切入点，既全面又不失重点，不为某些节点的扰动而改变整个判断，同时也容易发现对手系统的关键漏洞，或调动对手的体系使之发生关键混乱，体系论是战略抉择的重要方法。

（五）富国强兵思想

“富国”才能“强兵”，两者相辅相成。正如蒋百里先生所言，“生活条件与战斗条件一致则强，相离则弱，相反则亡”。[①] 经济与军事战略之间的这种相互依存的关系，已经渗入中国战略思维的深处。

（六）善于“智慧”战斗

中国战略理论中强调“智将”的治军理念，将道中的“智、信、仁、勇、严”，“智”字居首，是中国军事思维区别

---

① 蒋百里：《国防论》，岳麓书社 2010 年版。

于西方的一大特征。

"善守者，藏于九地之下；善攻者，动于九天之上，故能自保而全胜也。"[①]《孙子兵法》中的这句话，是对"攻守之能"最形象的比喻，是中国军事思想的精髓之一。

"凡战者，以正合，以奇胜。"[②]"奇正者，当敌以正陈、取胜以奇兵，前后左右俱能相应，则常胜而不败也。"[③]"奇正之变"，是孙子兵法思想的一个重要论断。

中国战略思想特别注重"智将""攻守之能""奇正之变"这种"智慧"的战斗模式，与西方战略思想强调的几何、对称、数据形成鲜明对比，是中西方文化的差异所决定的。笔者用一句话来表达自己的战略观：单以武治，刚且易折；单以文治，软弱可欺；文武结合，刚柔兼济，方能长治久安。

---

① 蒋百里、刘邦骥：《孙子浅说》，武汉出版社 2011 年版。
② 蒋百里、刘邦骥：《孙子浅说》，武汉出版社 2011 年版。
③ 蒋百里、刘邦骥：《孙子浅说》，武汉出版社 2011 年版。

第四章

西方文化思维对战略理论的指导

本章通过讲述西方的海洋战略理论、美国海军的战略发展、英国两次世界大战后的两次战略收缩以及《大西洋宪章》《北大西洋公约》等一系列条约对美国世界霸权的确立，来阐述西方文化思维对战略理论的指导作用。

一、海洋与战略

（一）马汉海权论的主要内容

由于海洋对国家利益的巨大作用和对国运的巨大影响，“海权论”思潮应运而生，19 世纪末至 20 世纪上半叶，世界上最著名的“海权论”专家有两位，一位是美国人马汉，另一位是英国人柯白。这里先讲马汉的“海权论”思想。

将海洋扩张主义理论发展为海洋霸权主义则是美国军事理论家马汉。他于 1890 年出版的《海权对历史的影响（1660—1783）》一书，被誉为有史以来“最具燃烧性”的理论思想。马汉强调“海洋控制论”，即拥有优势的海军，才能控制海洋，主张运用优势海军等海上力量，以确保对海洋的控制权，从而实现国家的战略目的，保障国家利益。马汉的“海权论”思想在文化上与黑格尔的海洋文化观点相似，至今仍对欧美等国的海洋文化发挥着重要影响。

马汉认为影响国家海权的基本条件有六个，它们分别是：（1）地理位置；（2）自然结构，包括与此有关的大自然的产品和气候；（3）领土范围；（4）人口；（5）民族特点；（6）政府的性质，包括国家机构。[①] 马汉主要以英国为例，讨论这六项基本条件对一个国家海权的影响，在这六个要素条件中，马汉最看重第六个要素——政府的性质。马汉说，政府的战略主张，若能像崛起中的英国那样，做到明智而坚毅，能坚持对海权作长期发展，则能成为一个海洋强国。

同时，马汉格外强调政府培养人民对海洋兴趣的重要性，笔者称之为“海权发展有广泛的群众基础”。一个政府如果能够做到以上几点，则其海权的发展也自然较容易成功。历史上，崛起中的英国就是这样的典范，自英国国王詹姆士一世开始，英国的国家政策即以追求海外殖民地、海上贸易和海军优势为目的，终成一代传奇——“日不落帝国”。

马汉是“海权论”的奠基人之一，其著作《海权对历史的影响（1660—1783）》一书对世人影响深远，美国的国家海洋战略可以说一直是以其海权三环节与三要素为纲。笔者从中总结出四个对国家海洋战略最有借鉴意义的理论：

---

① ［美］A. T. 马汉：《海权对历史的影响（1660—1783）》，安常容、成忠勤译，解放军出版社 1998 年版。

1. 海权三环节与三要素理论[①]

马汉将国内产品—海洋运输—殖民地这三者归结为海权的三大重要环节，提出海上力量（海军、商船队）、殖民地与海上基地、海上交通线是国家海权的构成要素。[②] 此为马汉海权三环节与三要素理论。

虽然由于时代的制约，马汉使用了殖民地的概念，但是我们今天可以将其称之为利益攸关区，海权三环节与三要素理论仍然有很现实的意义。从海权三环节理论可以看出，海权的目的是保证商品经济的正常运转。从海权三要素理论可以看出，为了实现海权三环节，我们需要以海军为脊梁，以海上基地为骨架，以海上交通线为血肉。所以说，海权三要素为纲，实际上就是拥有这三个要素才能构成一个完整的人，笔者称之为“人体骨骼论”。

2. 海军远海锻炼理论[③]

> ……英国政府的优势在于能利用它的威力巨大的海上力量这个武器。海上力量使它富有，并反过来保护了使它致富的贸易。利用它的钱，支持和鼓励了它为数不多的援助者，主要是普鲁士和汉诺威进行拼死的斗争。它的舰船能够抵达的地方，都有它的势力，

---

① 刘洋：《基于海权论思想的国家海洋战略》，载《大连海事大学学报（社会科学版）》2012 年第 5 期。

② ［美］A. T. 马汉：《海权对历史的影响（1660—1783）》，安常容、成忠勤译，解放军出版社 1998 年版。

③ 刘洋：《基于海权论思想的国家海洋战略》，载《大连海事大学学报（社会科学版）》2012 年第 5 期。

并且没人对海洋归于它提出质疑。只要它愿意，它可以到任何地方去，并且随它一起去的是它的大炮和部队。通过这种机动，它的部队能成倍地增加，而使其敌人部队被分散了。作为海洋上的统治者，它堵住了海洋上的所有交通干线。敌人的舰队不能会合，较大的舰队不能出海，或者如果它出海了，也只能用没经过锻炼的军官和舰员，去对付那些身经风暴和战争洗礼的老战士。……[1]

从马汉这个论述可以看出：海军一定要走出浅海，走向远洋，去熟悉全球的水道，去接受不同气象条件下的锻炼，去迎接各种敌对势力的挑战。只有这样锻炼出来的海军，才能在各种条件下皆能保持较强的战斗力，才能真正成为远洋海军。所以说，海军需要到远洋去“晕晕船”，去锻炼，去成为真正的海之骄子，笔者称之为“晕船论”。

3. 海外基地理论[2]

英国一国能在这场战争中赢得胜利，是由于在和平时期利用海洋获得财富，战争期间利用它的规模巨大的海军、依靠它的大批的生活在海上或靠海洋生活的臣民，并利用它的众多的分布在世界各地的作战基地来控制海洋。然而必须注意，这些作战基地如果其

---

① ［美］A. T. 马汉：《海权对历史的影响（1660—1783）》，安常容、成忠勤译，解放军出版社 1998 年版。

② 刘洋：《基于海权论思想的国家海洋战略》，载《大连海事大学学报（社会科学版）》2012 年第 5 期。

本身的交通线不畅通，那么他们就失去了他们自身的价值。……基地和机动部队之间的作用，港口和舰队之间的作用都是相互的。在这方面，海军实际上是一支轻型部队，它使自己港口间的交通保持畅通，为敌人的交通设置障碍。此外，它还能为陆上部队清除海上障碍，它控制着地球上人们可以生存和致富的荒芜之地。①

从马汉的这段话可以看出，海军远洋一定要有海外基地，而且海上交通线一定要畅通，海外军事基地是一个国家海权的重要支点。一个国家如果没有一定规模的海外基地，是不能称之为拥有强大海权的。因为，只有脊柱和血肉是不能组成一个人的，必须要有骨架，才能构成一个完整的人。所以说，海外基地对于国家海权来说太重要了，海外基地既是前沿又是后方，是重要的战略节点。笔者形象地打个比方，从一个角度来说说海外基地的重要性。海军在外作战，是非常需要海外基地的，因为官兵们需要到陆地上去休整，不是晕船了，而是去“晕晕地”，这样才能达到有张有弛，海军才能够持久保持旺盛的战斗力，笔者称之为“晕地论”。

4. 海权发展要深深地扎根于广大民众之中②

法国的地理位置具备了拥有海权的极好条件。对

---

① ［美］A. T. 马汉：《海权对历史的影响（1660—1783）》，安常容、成忠勤译，解放军出版社 1998 年版。

② 刘洋：《基于海权论思想的国家海洋战略》，载《大连海事大学学报（社会科学版）》2012 年第 5 期。

于法国政府的政策，它的两位伟大统治者亨利四世和黎塞留曾给予明确的指导。法国政府应该把从陆路向东扩张，进攻由奥地利王室统治的奥地利和西班牙的计划，与从海上进攻英国的计划相结合。法国为了实现其在海上反对英国的计划和其他一些原因，应与荷兰表示亲善并与之联盟。与此同时，法国政府应鼓励发展作为海权基础的贸易和渔业，并且准备建立一支海军。黎塞留在其所谓的政治遗嘱中指出，依据法国的地理位置和资源，法国有可能获得海权。因此，法国作家把黎塞留看成是法国海军的真正创始人。这不仅是因为他为法国装备了舰船，而是因为他的远见卓识采取了许多行之有效的措施，以确保建立健全的组织机构和使海军获得稳步发展。……1661 年，当路易十四开始执政时……负责贸易、制造、海运和殖民地工作的柯尔培尔是一位伟大的具有实干精神的人。……柯尔培尔的目的是“把生产者和商人组成一支强大的队伍，使其受到一种积极和明确的指导，以便通过制度和共同努力确保法国工业取得成功，并要使所有的工人采用公认的最佳工艺程序进行生产，以获得最好的产品……要把海员和远距离贸易组织起来，像制造业和国内贸易那样，成为一个巨大的团体。为了支援法国的贸易，要建立一支具有坚实基础的海军，至于它的规模，迄今还不能预料。”上述这些就是柯尔培尔的目标，是有关海权三个环节中的两个环节；至于第三个环节，那就是航线远方一端的殖民地，显然也是有意按着政府的指示和组织去做的，因为政府开始从当时拥有加拿大、纽芬兰、新斯科舍和法属西印度群岛的当事人手中买回了这些地方。在这里，我们看到了当时的法国政府为了使他们的国家成为一个海上强国，正以一种丝毫不受拘束完全独断独行的权力，逐渐将所有用以指导国家发展和与发展密切相关的各种手段牢牢地掌握在自己的手中。

……1661 年他上任时，法国只有 30 艘战舰，其中只有 3 艘装有 60 门舰炮。到 1666 年，已经有 70 艘战舰，其中 50 艘是战列舰，20 艘是纵火船；到了 1671 年舰船已从 70 艘增至 196 艘；1683 年，装备 24 门到 120 门舰炮的战舰共 107 艘，其中 12 艘装有 76 门以上舰炮，除此之外还有许多小型舰船。船舶修造厂采用的制度和体制，使他们比英国船舶修造厂的效率高得多。……

但是所有这些惊人的发展，是由于政府的作用促成的，这种发展像朝生暮死的植物一样，当失去政府的支持时，也就消衰了。因为这段时间很短，不可能使这种发展深深地扎根于广大民众之中。柯尔培尔的工作就是直接执行黎塞留的政策，并且在一段时间里，似乎还在继续执行使法国不仅在陆上占有优势，而且还要成为海上强国的方针政策。其原因不是本书需要说明的。法王路易从一开始就对荷兰怀有刻骨的仇恨，由于英国的查理二世也同样痛恨荷兰，这样便促使这两个国王下决心要消灭荷兰共和国。这场战争是于1672年爆发的。尽管进行这场战争违背了英国人固有的感情，但是，这场战争对英国来说，它与法国不一样，还不能算是政治上的失误，特别是就海权而言，更不能说是一个错误。因为在这场战争中，法国正在帮助英国，去消灭它自己的一个可能的，并且是确实不可少的同盟国；而英国则在为自己去消灭它的海上最大竞争者，的确那个时候这个竞争者在贸易上仍然占有优势。当路易登上王位宝座时，法国正处于债务累累，财政混乱之中，1672年由于柯尔塔[①]尔的改革取得了可喜的成就，法国才开始认清了自己的前途。这场战争持续了6年，使柯尔培尔的大部分工作失去了作用。农民阶级、制造业、商业和殖民地都受到了战争的冲击。柯尔培尔的行政机构失去了活动能力，财政上确立的制度被推翻了。因此，路易独揽政权的行为冲击了法国海权的根基，疏远了最好的海上同盟国。这期间法国的领土和军事力量不断地扩大，但其贸易和海运却大伤了元气，尽管法国海军在若干年里保持了它的光荣和效益，但是，没多久就开始衰落，到路易执政末期，法国海军实际上已经不复存在了。上述有关海权的错误政策标志了路易长达

① “塔”应为“培”。——笔者注

> 54 年的统治结果。除了战舰，路易越来越不顾及法国的海上利益。或许是路易没有看到或许是路易无知不懂得，如果平时支援战舰的海运和工业衰败了，战舰便没有多大用途，它的命运也就很难预料了。路易所执行的政策的目的是利用军事实力和领土扩张在欧洲取得最高权力，但是他的政策迫使英国和荷兰结为同盟，这种同盟正如以前所述的，其直接作用是将法国撵出了海洋，而间接的作用是继而压制了荷兰的力量。柯尔培尔建立起来的海军被消灭了。在路易统治的最后 10 年，尽管在海上仍经常不断地发生战争，但是法国已没有强大的舰队可投入海洋了。这种愚蠢的君主专制统治的政府对海权兴衰的影响产生了何等深远的影响啊！
>
> 路易的后半生就这样亲眼看着法国海权的逐渐消失。这种消失是由于作为海权根基的贸易和贸易带来的财富逐渐减少造成的。……
>
> 法国执行大陆扩张的错误方针，耗尽了国家的资财。这种方针还具有双重危害性，因为它使法国殖民地和贸易处于无防御状态，进而中断了最主要的财富来源……①

马汉这段话指的是 17 世纪法王路易十四统治时法国的海权，法王路易执政的前 10 年，由于卓有成效的体系和良好的

① ［美］A. T. 马汉：《海权对历史的影响（1660—1783）》，安常容、成忠勤译，解放军出版社 1998 年版。

政策支持，法国迅速地超过了英国而获得了海权，但随后几十年间，由于深植于法国心中的陆权思维作怪，法王在陆上向荷兰发起了大规模、持久的战争，从而使海军及海外属地的发展大大受到限制并最终丧失，最后法国在陆上与海上皆遭受了失败。

17 世纪的法国对海权发展研究非常有借鉴意义，从马汉的叙述及那段历史可以看出两个问题：一是一定要让海权思维有广泛的群众基础，海权的发展强大，离不开政府大力持久的支持，更离不开人民路线。一个没有广泛群众基础的海权，不会是真正的海权，有的只会是昙花一现，高层领导一不重视，就会迅速滑落的海权，只有海权深入广大国民心中，才会是真正有生命力的海权，才会是其势不可撼动的海权。马汉的这个理论，笔者称之为“让海权思维有广泛的群众基础理论”。

二是对于一个陆海兼具的国家来说，一定要有几十年甚至百年不变的国家海洋战略，不要朝三暮四、朝令夕改，对于一个陆权思维根深蒂固的国家来说，只有这样才能达到海权与陆权的均衡发展，才能使海上利益与陆上利益协调起来。

（二）柯白海洋战略理论的主要内容

1911 年，英国学者柯白出版了其代表作——《海洋战略原则》，全书共分三篇：第一篇为战争理论，讲述了战略理论的概述、战争的性质——进攻与防御、有限战与无限战、有限战与海洋帝国、无限战当中的有限干预、有限战当中的力量组成六个方面；第二篇为海军战争理论，讲述了制海、舰队的组成、力量的集中与分散三个方面；第三篇为海军作战指导。总论：陆战与海战环境的本质区别、海军作战的典型模式，保护制海权的方式：决定性舰队行动、封锁作战，争夺制海权的方式：防御性质舰队作战、有限反击，制海作战的方式：抵御入侵、攻击和保护贸易线、攻击防御与支持海军远征作战。

柯白的理论包含了海军战略与作战的诸多方面，其核心思想继承了克劳塞维茨学说的精髓，柯白不同意将战略分为“陆”“海”两派的说法，他认为“陆”“海”两个方面的战略在本质上是相通的，柯白认为，海洋战略只是大陆战略的延伸，而并非彼此对立。[①] 他将克劳塞维茨，包括约米尼的理论思想推广到海洋方面。柯白认为海上战争的地位，在本质上是次于陆上战争的。

> 战争几乎不可能仅凭海军行动来决定胜负。若无协助，海军的压力只可能用消耗方式来发挥作用。其效果必然很迟缓，而且也会使我方及中立国的商业受到严重损失。所以一般的趋势往往都是接受并不具有决定性的和平条件了事。若欲决胜则必须使用较迅速而猛烈的压力。因为人是生活在陆上而非在海上，所以除极少的例外，都是采取两种方式来决定战争胜负：其一是陆军进占敌国领土；其二是海军使陆军有此可能。[②]

① 钮先钟：《西方战略思想史》，广西师范大学出版社 2003 年版。
② 钮先钟：《西方战略思想史》，广西师范大学出版社 2003 年版。

柯白的这段论述，实际上指出了李德·哈特倡导的“间接路线”战略的局限性，“封锁”“消耗”的战略，并不经济，其对国力的消耗并不比“会战”少。李德·哈特所极力主张的，实际上正是中国《孙子兵法》当中所极力避免的，“不战则已，战则速战”，旷日持久的作战，即便是“封锁”也是一种作战，也会伴随着激烈的作战，“封锁”与“反封锁”怎会没有“会战”发生呢？第一次世界大战中的“日德兰大海战”就是“封锁战”的典型，双方损失都很巨大，放长远看，“封锁战”对英国国力的损耗几乎是致命的。因此，第一次世界大战中，德国在海上不能通过封锁，转而通过陆上进攻来打破僵局，这正是柯白这段话的具体体现，若不是美国的及时参战，英国能不能在欧洲大陆顶得住德军的进攻，这还很难说。

柯白关于海军战略与海军作战中“进攻”与“防御”、“有限战”与“无限战”的讨论，开创了不同于马汉的新的篇章。柯白的“制海观念”，强调“对交通的控制”，强调“防守反击”的战略战术。

> 这与占领领土的陆军观念有相当大的差异，因为海洋不可能成为政治主权的标的。我们不可能在其上取得给养（像陆军在征服地区上那样），也不能不准中立国进入。在世界政治体系之中，海洋的价值在于作为一种国家与其部分之间的交通工具。所以，“制海”的意义即为交通的控制。除非是在一个纯粹海洋战争中，否则制海永远不可能像占领领土一样，成

为战争的最终目的。[①]

柯白认为交通的控制只有在战时才能存在，就性质而言，又可分为全面或局部，长期或暂时。至于说到确保控制的方法，他认为必须采取决定性的舰队行动，始能赢得“长期全面控制”，不过其他的行动也还是可以获得局部及暂时控制，其中又包括各种不同方式的封锁在内。[②]

柯白表达了任何一个国家都无法实现“全面制海”的观点，“全面制海”就是鼎盛时期的英国海军或美国海军也没有做到。柯白认为“全面制海”实在是不可能，也没有必要，只要平时或战时控制住海上交通，适时采取“决定性舰队行动”或如“封锁”之类的其他有效手段，都可以实现长期有效的“制海”，实现所谓的“制海权”，而不是“全面制海”。

柯白认为，对于海洋战略与海军作战，战略攻势配合以战术守势实为最有效的战争形式。[③] 这就是“防守反击”的战略思想，对于新兴海洋国家尤为适用。

对于海军作战，柯白提到，若我方兵力能保持有弹性的分散，则敌方就很难知道我方的意图和实力，而且也比较易于引诱其进入毁灭的陷阱。[④] 笔者称之为“分散行进，战场集中”的作战模式，这点对于现代海战来说尤为重要。

---

① 钮先钟：《西方战略思想史》，广西师范大学出版社 2003 年版。
② 钮先钟：《西方战略思想史》，广西师范大学出版社 2003 年版。
③ 钮先钟：《西方战略思想史》，广西师范大学出版社 2003 年版。
④ 钮先钟：《西方战略思想史》，广西师范大学出版社 2003 年版。

柯白又强调联合作战的重要性，他提到，陆海两军必须合作始能对国家利益作最有效的贡献。[1] 陆海两军不能通力合作的问题，对世界各国的濒海作战都是一个“通病”，这点只有“日不落帝国”时期的英国陆海军做得稍微好些。最反面的典型，莫过于太平洋战争时期，日本陆军与海军在利益上的巨大争斗。

由于日本陆军在统治阶层的强势地位，海军的主张基本上皆得不到陆军的响应，尤其是战争初期阶段，由于获胜的迅速与顺利，战争红利的巨大，陆军对于海军需要配合的需求就更加“不配合”。在1942年3月，由于太平洋战争初期日本的战略意图在短短不到3个月皆变为了现实，就是日本人自己也没有想到，胜利来得如此之快。这时，关于国家未来的战略方向，日本陆海两军发生了巨大的分歧。海军希望陆军能配合其“攻略澳大利亚”的作战方案，此方案实为当时日本在太平洋战场上的最佳战略，但日本陆军以在中国及东南亚激战正酣及防卫苏联为由，拒绝抽出兵力支援海军，使海军这个作战方案“流产”。随后，日本海军不得不退而求其次，去追求“切断美国—澳大利亚海上交通线方案”和“攻略中途岛方案”，结果这两个方案由于在时间和战略安排上的不合理，导致了一个比一个更大的失败，日本在太平洋上的战略优势就这样被“陆海两军的不合作”抵消了。

所以说，柯白的“陆海两军联合作战”的思想，是争夺

---

① 钮先钟：《西方战略思想史》，广西师范大学出版社2003年版。

“制海权”的重中之重，争夺“海”，归根结底还是为了“陆”，“陆”“海”协调，才能相辅相成，相得益彰，国家利益才能顺利实现。

（三）海权论的综合评价

相对于“陆权”的天经地义来说，“海权”的理论实为需要系统、仔细地研究，以探讨其内在规律性。马汉与柯白对海洋战略的贡献最为巨大，马汉强调“攻势制海”，强调“舰队决战”的巨大作用；而柯白强调“攻击与防御，无限战与有限战的关系”，柯白探讨了“封锁”与“海上贸易线的攻击与保护”等诸多方面，总体来说，柯白主张“防守反击”的战略。两者理论各有所长，对于不同海洋地位国家，对两种理论各有其不同的侧重点。虽然柯白的理论更贴近实际一些，但是由于“攻势制海”的魔力，马汉的名气远远大于柯白。因为，19 世纪末至 20 世纪上半叶，海洋上的激烈争斗，各国利益在海上的交织，使“攻势制海”战略被广泛接受，而对于柯白的理论则接受的少很多。

马汉“攻势制海”的核心观点是根据前沿部署、兵力集中和主动攻势的战略，海军的防御应当在海洋深处进行，远离岸上的枪炮。[①] 这样，海军变成了置于远处的一道屏障——能够从位置险要、重兵防护的基地出发，控制战略上最重要的海

① ［美］乔治·贝尔：《美国海权百年：1890—1990 年的美国海军》，吴征宇译，人民出版社 2014 年版。

上交通路线。[①] 这种理论看似很有合理性，尤其符合海洋强国的胃口，但 1941 年至 1945 年的太平洋战争中，日本的惨烈结局表明，一个海洋帝国的防御不能依靠前沿军事基地，而要依靠灵活机动的海军通过集中兵力发动攻势并最终实现制海。[②]

此外，除了海洋战略观念问题，我们还应看到，仅靠强大的海军还不能支撑起海权强国。强大的海军无疑是海权的重要乃至核心要素，但强大的海军其实并不是海权的全部。一支军队的战斗力并不是光由它的硬件构成就能够决定的，军队的战斗力除了所装备的武器硬件之外，还有官兵们对于这些武器的运用水平，更加重要的是这支军队的战略思想和传统。尤其是海军，没有过战争经验的海军是不能被称作海军的，没有过胜利的海军也不能被称作强大的海军。

世界海权兴衰的历史表明，随时代的演进，海权的构成要素也经历了日趋复杂化、多元化的演变过程。在此过程中，除海军这一重要要素外，经济基础（尤其是资本扩张能力）、技术创新、制度创新、战略运筹、海洋观念等都是海权背后不可或缺的支撑性要素。

综合而言，海权论是国家海洋战略重要的方法论，包括政治、经济、军事等方面，通过海权论，可以让我们知晓海权的核心要素是什么，我们怎么才能保证海权发展过程中的方向正

---

① ［美］乔治·贝尔：《美国海权百年：1890—1990 年的美国海军》，吴征宇译，人民出版社 2014 年版。

② ［美］乔治·贝尔：《美国海权百年：1890—1990 年的美国海军》，吴征宇译，人民出版社 2014 年版。

确性，这些都有助于我们建立和实现具体的国家海洋战略。英国人李德·哈特指出，海权所具有的决定性作用在于虽然在海上并无任何决定性会战，但经济上的压力却足以使敌人发生崩溃。美国人马汉在其著作《海权对历史的影响（1660—1783）》中，详细阐述了海权的重要性、必要性及其功能等诸多方面，马汉提出的海权三环节与三要素理论是提出具体国家海洋战略的理论基础，是海权理论的基本规律。

马汉与柯白虽然流派不同，却有许多相似之处，最大的相同在于都对海战史的尊重，二者可以说是海洋战略中历史流派的创始者，两人都强调制海权的重要性，只是马汉强调“攻势制海”，柯白强调“战略攻势配合以战术守势”①，马汉强调舰队决战思想，柯白强调舰队威慑和多手段总体战思想，二者的思想虽有其差异，但归根结底是国家利益为根本的海洋战略思想，两者手段虽有不同，但皆有可取之处。

李德·哈特强调用经济等非军事手段为主、军事手段为辅的方式来逼服对手，属于“智斗”“巧斗”，是用最合理、最经济的战略来实现自己的目的，这种方式需要拥有强大的综合国力和强大的号召力，非常适合拥有霸主地位的国家使用。而克劳塞维茨强调不战则已，战则“一剑封喉”，属于“力斗”的范畴，非常适合新兴强国使用。虽然李德·哈特和克劳塞维茨都声称自己的理论是最经济最有效的，但“智斗”和“力斗”的优点和缺点都非常鲜明，需要因时因地制宜为上。

---

① 钮先钟：《西方战略思想史》，广西师范大学出版社 2003 年版。

下面笔者对美国和英国的战略发展进行阐述，我们能更直观地看到西方文化思维对战略的指导作用。

二、美国海军的战略发展

对于美国海军的战略发展，我们主要回顾19世纪末至今美国海军政策的发展历程，看看美国的“海权”是如何一步一步获得的。

美国的海军战略，实际上就是在两洋——大西洋和太平洋左右摇摆，大多时间美国是以大西洋为首选方向。19世纪末，美国海军拥有了可以在一个大洋上投射力量的战列舰队，但这支力量是投放在大西洋以应对英国、德国等国的威胁，还是投放在太平洋以应对日本、俄国的威胁呢？这实在是两难的选择。而且，部署在其中一洋，还涉及来回调动的问题，这在巴拿马运河没有开通之前尤为困难。

美国人乔治·贝尔在其著作《美国海权百年：1890—1990年的美国海军》一书中，是这样描述美国政府的尴尬的：

> ……如果一个国家需要兼顾两大洋的话。把舰队集中在大西洋似乎最恰当，这样可以制约那些欧洲大国。但另一方面，远东的动荡、保护菲律宾的需要、保持中国“门户开放”政策的渴望以及对日俄之间不断酝酿的冲突的关切，都要求美国在太平洋的强势存在。像罗纳德·斯佩克特所描述的：“事实上，海军在两种信念之间左右为难。一方面是对马汉战略

‘真理’的认同——这要求将兵力集中在最危险的区域（大西洋）；另一方面它相信经济上的竞争是国际关系的头等大事（关切太平洋利益的依据）。”①

为此，美国海军有必要扩充成为一支两洋舰队，否则美国政府就必须减少自己的“义务”。美国政府举棋不定，因为大西洋才是美国首要的安全考虑，而不是太平洋。1903 年，海军总委员会建议打造一支拥有 48 艘战列舰的海军，足以在两大洋都形成集中兵力。② 但美国的国会因为预算、技术发展等原因，不会允许这么做。因此，1907 年，美国将 16 艘战列舰组成的舰队完整地放在了大西洋，而太平洋只放次要兵力，其核心战斗力量拥有 8 艘装甲巡洋舰和 8 艘轻型巡洋舰，③ 以应对德国和日本及俄罗斯在太平洋的威胁。

虽说如此，但并不意味着美国海军没有实力采取行动。1902 年，美国政府采取积极姿态介入“委内瑞拉危机”，以向英国宣示自己在美洲的地位与利益，美国海军在英德意三国联合封锁委内瑞拉期间举行了声势浩大的冬季演习。美国的强硬姿态及英国顾忌德国等欧洲战略对手的强力挑战，为了维护英国自身的“全球利益”与“霸主地位”，英国明智地选择了战略撤退。美国获得了巴拿马运河和“西半球”的霸权，而英

---

① ［美］乔治·贝尔：《美国海权百年：1890—1990 年的美国海军》，吴征宇译，人民出版社 2014 年版。

② ［美］乔治·贝尔：《美国海权百年：1890—1990 年的美国海军》，吴征宇译，人民出版社 2014 年版。

③ ［美］乔治·贝尔：《美国海权百年：1890—1990 年的美国海军》，吴征宇译，人民出版社 2014 年版。

国则专注于“东半球”的霸权，但美国得保证英国在“西半球”的国家利益。随后，英国与日本结盟，以在太平洋上及远东制衡美国的影响力。但不管怎么说，美国的确获得了巨大的战略成功。虽然，平心而论，英国人对这种局面的贡献巨大。

随后，美国抓住机会，利用巨大的经济收益，大力扩张其主力军舰的建造。1903 年时，美国经济总量世界第二，仅次于英国。那么，美国海军的造舰目标也是如此，就海军的力量而言，美国也要仅次于英国，获得世界第二的位置。但是，美国有一个强有力的挑战者，那就是德意志第二帝国的海军，德国经济总量接近于美国，工业实力超群，国家自普法战争后再没有大战，国力聚集得十分雄厚。在这种情况下，为了回应德国 1900 年通过的《德国舰队法》，其法案计划用 17 年时间打造一支仅次于英国的海军。1903 年，美国海军总委员会提出一项“总体海军计划”，旨在通过长期的建设项目建成一支均衡全面的、由 48 艘战列舰和其支援单位组成的海上力量。每两艘战列舰配备 1 艘装甲巡洋舰，3 艘更轻更快、甲板部分有装甲保护的巡洋舰，4 艘预警巡洋舰，3 艘驱逐舰和两艘运煤船，每个分遣队还配有各种支援和补给船只。一支由 370 艘战船和辅舰组成的海上力量将于 1920 年准备就绪，德国计划到 1920 年建成 41 艘战列舰和 20 艘大型巡洋舰。这个计划成为海军总委员会指导未来 10 年海军建设的依据。①

---

① ［美］乔治·贝尔：《美国海权百年：1890—1990 年的美国海军》，吴征宇译，人民出版社 2014 年版。

美国海军总委员会有一个观点特别值得我们注意，它提出，“民意的增长一直是间歇性的、阵发性的，不是权宜之策就是那些懵懵懂懂的政治党派的一时兴起，跟海军实力的真正意义不沾边，因此也就跟国家维持和平以及支持和推进各项政策的需要毫无关联。”海军一定不能随波逐流，必须把自身的发展建立在明确的优先事务之上。[①] 在笔者看来，这段话就是“国家海洋战略的持久性问题”的集中展现。政府高层及海军机构必须知道海洋力量组建和运用的关键事项，不能为某些“政治”上或是“舆情”上的鼓动而迷失方向。

美国海军总委员会提出的“总体海军计划”，遭到了总统和国会的双重否决。尽管各方都同意美国要发展世界第二大海军的目标，但国会和总统满足于按部就班、循序渐进的方法。他们将现有的装甲巡洋舰算作大型战舰，进而得出不需要那么多战列舰的结论。国会虽然没有批准海军的军备计划和总委员会提议的平衡军力，但同意了发展大型舰海军的主张。到 1906 年（英国人的估算）或 1908 年（国会的估计），以大型舰的数量为标准，美国海军将成为世界第二大海军。[②]

因为攻势战略预期会发生大规模海战，重点自然就放在了大型战舰之上。美国海军面对的这些国家，其海军的战略和行动概念本质上都与它一脉相承——都信奉攻势制海，军力都以

① ［美］乔治·贝尔：《美国海权百年：1890—1990 年的美国海军》，吴征宇译，人民出版社 2014 年版。

② ［美］乔治·贝尔：《美国海权百年：1890—1990 年的美国海军》，吴征宇译，人民出版社 2014 年版。

战列舰舰队为中心。如此必会针锋相对、旗鼓相当。[①] 从这段话可以看出，“攻势制海”战略，实为当时世界主要国家海军信奉的战略，从这个角度就可以理解，为什么马汉“名扬天下”而柯白则“孤弱寡闻”，但事实证明，“名扬天下”的战略未必就是最符合历史发展的战略，我们应当警醒。

鉴于日本在太平洋拥有的强大战列舰力量，1907 年，美国海军提出了一个调防计划，认为其大西洋舰队应当调度“不少于 16 艘”的战列舰（这是海军当时拥有的全部战列舰）前往太平洋，以防万一。这种军事部署不会是永久性的，但只要日本的战争威胁还在就应维持。此项建议是配合正在制订中的“橙色计划”的整体战略，并且建立在美国每次只会迎战一支舰队的假设之上。[②]

这就需要在太平洋上建立基地，美国海军最开始中意菲律宾的苏比克湾，但美国陆军不这样认为，陆军认为菲律宾的首府——马尼拉才是战略的重心，其位于苏比克湾之后，陆军没有兵力将马尼拉和苏比克湾都保护起来，而且日军若是进攻，完全可以绕过苏比克湾从菲律宾的陆上登陆，直取马尼拉。因此，陆军认为海军的建议“愚蠢至极”。从美国陆海两军的争执中我们可以看出，就是拥有强大国力的美国，其陆海两军也是矛盾重重，不能很好地配合。事实证明，第二次世界大战期

---

① ［美］乔治·贝尔：《美国海权百年：1890—1990 年的美国海军》，吴征宇译，人民出版社 2014 年版。

② ［美］乔治·贝尔：《美国海权百年：1890—1990 年的美国海军》，吴证宇译，人民出版社 2014 年版。

间的太平洋战争初期，日军在西南太平洋上横扫美英等国势力之时，美国在菲律宾没有大型海军基地，从而导致美国在该关键区域没有大型海军的弊端展露无遗。

为了结束陆海两军对是否建立“苏比克湾”基地而争论不休，1908 年，美国总统西奥多·罗斯福通过一项行政决定打破了陆海两军的僵局。他放弃了把苏比克湾打造成美国在亚洲的首要军事基地的想法，代之以在夏威夷珍珠港建立一个大型基地，用于修理舰只和提供补给，这比原先的计划后撤了 4767 海里。① 太平洋中部的美军“珍珠港”海军基地应运而生，但从战略上说，是大踏步的后退。

为了应对日本的威胁，同时向全世界展示美国的海军军事力量和调动补给能力，美国海军集结兵力进行了一次全球巡航行动。1907 年 12 月至 1909 年 2 月，美国“大白舰队”——大西洋舰队绕过南美洲，到达美国西海岸，再去往日本，继而绕地球一周，以展示美国海军的力量，宣示“海权”，这次展示军力的“全球巡航行动”获得了极大的成功，其效果在亚洲最为显著，对日本起到了良好的震慑作用。正如罗斯福总统所说，没有比军力展示更有效的外交动作了；② 庞大的舰队就是罗斯福在太平洋上的大棒。③

---

① ［美］乔治·贝尔：《美国海权百年：1890—1990 年的美国海军》，吴征宇译，人民出版社 2014 年版。

② ［美］乔治·贝尔：《美国海权百年：1890—1990 年的美国海军》，吴征宇译，人民出版社 2014 年版。

③ ［美］乔治·贝尔：《美国海权百年：1890—1990 年的美国海军》，吴征宇译，人民出版社 2014 年版。

第一次世界大战期间，海战模式发生了很大变化，马汉所预计的依靠战列舰之间的对决，从而赢得战争的模式并没有出现，除了“日德兰海战”那个虎头蛇尾的战列舰对决之外，再无这样的战例。重金打造的战列舰不仅是对德国，就是对世界各国的海军来说，都变成了奢侈品。反而是战前不起眼的“小家伙”——潜艇，大放异彩。第一次世界大战期间海洋战场上需要的武器平台，是轻型巡洋舰、驱逐舰和潜艇，也就是“反潜战”和“潜艇战”需要的装备，海战模式发生了意想不到的变化。

美国海军力量在第二次世界大战期间获得了惊人的增长，这也奠定了美国战后世界霸权的基础，奠定了美国海上快速机动打击力量的成型，直接影响了日后美苏争霸的结果并深刻影响了世界格局。至此，美国将“制海权”牢牢地抓在手中，一直到今天。下面，我们看几组数据。

> 美国海军参战后……不到四年的时间里，美国海军变成了世界海洋的主人，并壮大成为人类有史以来最强大的海军。在击败日本的过程中，它赢得了一系列无可匹敌的战绩，几乎在每个战区都参加了联合行动，自身的力量也得到惊人的增长。1940 年 7 月 1 日海军的现役人数为 203127 人，到 1945 年 8 月 31 日已飙升为 3408455 人。1940 年 7 月 1 日海军拥有 1099 艘舰艇；1945 年 8 月 31 日这一数字变成 68936 艘，其中 1166 艘为主力战舰。战争结束时正在执行任务的是 23 艘战列舰、99 艘航空母舰、72 艘巡洋

舰、差不多380艘驱逐舰和360艘护航驱逐舰，以及235艘潜艇。这些舰艇大部分是新近建造的、给养充足的现代化军舰，水平超过敌国海军，采用了当时最先进的科学技术。[①]

海军在战前建立了大量船坞，在善于经营的战时经济推动下，修造军舰的数量急剧膨胀。1940年7月至1945年8月，325间船坞一共修建了110000艘舰船。其中1286艘是主力战舰，包括10艘战列舰（其中4艘为45000吨的爱荷华级），18艘大型航空母舰（除了1艘之外皆为27000吨的艾赛克斯级），9艘较小的独立级航空母舰，110艘护航巡洋舰，2艘大型巡洋舰，12艘重型巡洋舰，33艘轻型巡洋舰，370艘驱逐舰，504艘护航驱逐舰和217艘潜艇。在修造的所有船只中，有84022艘为登陆艇——第二次世界大战的独创，是全世界范围内两栖攻击战略的凭借。战争结束时服役的还有41000架海军飞机，其中74032架[②]是近五年交付使用的。所有41000架飞行器都被编入舰队执行任务。[③]

1945年时，海军购买的燃料比世界上任何其他机构都要多。它还消耗大量的军需品。1945年春，

---

① ［美］乔治·贝尔：《美国海权百年：1890—1990年的美国海军》，吴征宇译，人民出版社2014年版。

② 有战损。——笔者注

③ ［美］乔治·贝尔：《美国海权百年：1890—1990年的美国海军》，吴征宇译，人民出版社2014年版。

海军轰炸冲绳海岸的日军防御时，射弹量为 505000 发。1945 年 8 月，海军陆战队拥有官兵 485000 人，分散在 3400 架飞机、640 辆坦克和 62000 辆其他交通工具上执行任务。战争期间的海岸警卫队，在海军的作战领导下，现役人员从 13800 名增长到了 171200 名，指挥着 31741 艘舰艇。①

1945 年 8 月之前的 5 年，美国海军在人员方面扩大了几乎 20 倍，军舰总吨位扩大了 6 倍，舰艇数量扩大了 60 倍，海军飞机是原来的 24 倍。他的战斗力量在全球各个地区，可以在任何选定的海域实施进攻作战。②

第二次世界大战结束后，美国于 1947 年成立了空军。在战后大幅度缩减军费开支的大环境下，美国海军的规模同世界各国的海军一样急剧缩小，而新成立的空军与陆海两军争夺国会拨款的争斗十分白热化。由于人类进入了有核时代，空军以其远程战略轰炸机携带核弹头对敌人，主要是苏联，进行威慑的模式很有市场，上至总统、国会，下至美国民众，都对新成立的空军期待有加，这对海军的发展提出了严峻的挑战。

美国海军作战部长，太平洋战争的英雄——尼米兹将军，

① ［美］乔治·贝尔：《美国海权百年：1890—1990 年的美国海军》，吴征宇译，人民出版社 2014 年版。

② ［美］乔治·贝尔：《美国海权百年：1890—1990 年的美国海军》，吴征宇译，人民出版社 2014 年版。

将制海同武力投射联系在一起，来反对单靠空权便可赢得战争的流行观点。①

尼米兹极为反对空军提出的“自主行动和快速制胜”的观点，尼米兹说：

> 舰队存在的目的不只是与别国舰队作战，同它们争夺制海权。事实上，制海只是实现目标的手段。单靠海军的行动或者空军的行动无法完结一场战争。进行一场战争和结束一场战争都要依靠海军、陆军、空军以及外交和经济上的共同努力。……我们要攻占、坚守和掩护战略区域，建立足够多的基地来巩固其存在，向这些区域运送成功结束战争所需的人员、服务、装备、食品和燃料。这一切都以海权为基础。②
>
> ……大部分海军军官都相信，对苏战争不只是进行几天轰炸那么简单。那将会是一系列的战役，而控制大洋则是美国战略至关重要的部分。如果出现这种情况，核武器会扮演一定的角色，但只是总体战大战略的诸多要素之一。③
>
> 1946 年至 1947 年的这个阶段，海军在根本性的战略原则方面作出了努力。……负责军事行动的海军

---

① ［美］乔治·贝尔：《美国海权百年：1890—1990 年的美国海军》，吴征宇译，人民出版社 2014 年版。

② ［美］乔治·贝尔：《美国海权百年：1890—1990 年的美国海军》，吴征宇译，人民出版社 2014 年版。

③ ［美］乔治·贝尔：《美国海权百年：1890—1990 年的美国海军》，吴征宇译，人民出版社 2014 年版。

作战部副部长福利斯特·谢尔曼中将。他成功地保持了海军功能和兵力的多元化。航母在他的计划中依然占据着核心地位，他认为航母应当既可以运载常规武器又可以运载核武器。他用制海来包装自己的主张，作为空军大爆炸计划的替代方案。深入空中打击——不管是否具有核能力——因此成为前沿部署的攻势舰队制海战略的一部分，这一战略保持了航空母舰的中心地位。①

美国海军的“前沿部署攻势舰队”战略，一直保持到了今天，航空母舰一直为这一战略的核心要素。

此外，美国海军进一步提出了符合现代时代特点的“制海”概念。20 世纪 70 年代，美国海军斯坦斯菲尔德·特纳上校（后来成为上将）提出，“制海”指的是在任何时间、任何地点为了既定的目标进行自由航行的能力，制海战术包括突击控制、遏制点控制和局部对抗。② 特纳的这个理论非常符合西方海洋战略思想的实际，美国至今都是以“航行自由权”为标榜来介入海洋事务。美军制海的战术，“突击控制”“遏制点控制”“局部对抗”是他们的标志。

1986 年，美国海军声称其目标是建立一支拥有 600 艘军舰的舰队。根据这一海洋战略，其构成将转向用于进攻任务的

① ［美］乔治·贝尔：《美国海权百年：1890—1990 年的美国海军》，吴征宇译，人民出版社 2014 年版。

② ［美］乔治·贝尔：《美国海权百年：1890—1990 年的美国海军》，吴征宇译，人民出版社 2014 年版。

高端武力：4 支战斗舰队部署 15 个重型航母战斗群（每个的标准配置是 1 艘航母、2 艘巡洋舰、4 艘制导导弹驱逐舰和 4 艘护卫舰）；4 个战列舰水面行动群，以“新泽西”号在 1982 年重新服役为开端（每个的标准配置是 1 艘战列舰、1 艘巡洋舰、4 艘驱逐舰和 4 艘护卫舰）；100 艘攻击潜艇；运送陆战队两栖攻击梯队的单位和一个陆战队两栖战斗旅；多个航行补给中队；以及数量众多的辅助舰只。除此之外，海军还提出控制 25 艘海上预置舰——携带部队和补给，部署在可能的出事地点附近的船只——和 116 艘预备役军舰。①

美国在经历了 20 世纪 70 年代的低潮之后，进入 20 世纪 80 年代后半段，美国海洋战略使进攻性航母空中力量、攻击潜艇和攻击陆战队重新回到了海军计划的中心。至于 V/STOL 航母、柴油电动力潜艇和扫雷艇，北约的盟国有足够的资源。美国必须坚持高性能、高开支的海上平台。它们是业已存在的资源，依靠这一种力量便可立即执行攻击任务。②

> 在统一的海洋战略中，海军和陆战队的使命是彼此关联的，而不是单独作为制海或者干涉功能来考虑。事实上，它们被置于整合了和平时期军事存在、危机反应和全球常规战争的大类之下……③

① ［美］乔治·贝尔：《美国海权百年：1890—1990 年的美国海军》，吴征宇译，人民出版社 2014 年版。

② ［美］乔治·贝尔：《美国海权百年：1890—1990 年的美国海军》，吴征宇译，人民出版社 2014 年版。

③ ［美］乔治·贝尔：《美国海权百年：1890—1990 年的美国海军》，吴征宇译，人民出版社 2014 年版。

1992年，美国发布了名为《从海上：海军为21世纪做好准备》的海军白皮书。白皮书意识到海军及陆战队有必要具备同时承担在确保海上自由交往和在有限领土目标的行动中发动攻击并支援远征部队海岸作战的能力。正如宣言中所说的，“这是一种根本性的转变，即由在海上进行公海作战向从海上进行联合作战转变”。[①] 此外，该白皮书可以视为美国“由海制陆”战略的正式成型与确立。

三、英国两次世界大战前后的两次战略收缩

加拿大学者威廉·查尔斯·亨利·伍德，在其著作《旗与舰：英国海军怎样赢得海洋霸权》中指出，海军并不是英国海上力量的全部，其中一部分力量来自商船队，我们的自由权所依靠的是海陆空联合力量，海军只是其中一种战斗力。[②] 从这句话可以看出，英国“海权”的获得，不仅仅是军事帝国那么简单，可以说，“日不落帝国”其本质上是商业帝国、殖民地帝国，是以英镑为体系的金融帝国。下面，我们就从军事战略与金融两个方面来看英国第一次世界大战前和第二次世界大战后两次战略收缩的本质。

---

① ［美］乔治·贝尔：《美国海权百年：1890—1990年的美国海军》，吴征宇译，人民出版社2014年版。

② ［加］威廉·查尔斯·亨利·伍德：《旗与舰：英国海军怎样赢得海洋霸权》，杨阳、丁丁译，北京理工大学出版社2013年版。

（一）第一次世界大战前，英国的战略收缩

美国人乔治·贝尔的《美国海权百年：1890—1990 年的美国海军》和英国人保罗·肯尼迪的《英国海上主导权的兴衰》两书中详细记载和引述了相关情况。

> 1895 年，美国[①]总统格罗弗·克利夫兰曾认定英国把委内瑞拉边界问题当作扩张的借口，他宣称美国应当采取一切可能的手段回应领土挑衅。英国皇家海军没有可以派到西半球对抗美国强硬姿态的后援舰队。对英国领导人和公众而言，越来越清楚的是，一方面好勇斗狠的德国正在近畔崛起；另一方面布尔战争还在进行当中，此时没有理由再招惹美国。英国同意仲裁，越来越坚决的美国似乎受益于它宣称对西半球拥有霸权的立场。[②]

1902 年末，美国海军在英德意三国联合封锁委内瑞拉期间举行了声势浩大的冬季演习。

> 对英国人来说，这足够了。他们开始了从西半球的战略撤退。美国同时拥有了运河和对西半球的霸权。1903 年 2 月欧洲国家解除委内瑞拉的封锁之时，英国首相亚瑟·巴尔弗宣布："据我所知，门罗主义在这个国家没有敌人。我们乐见美国影响力在广阔西

---

① 添加"美国"。——笔者注

② ［美］乔治·贝尔：《美国海权百年：1890—1990 年的美国海军》，吴征宇译，人民出版社 2014 年版。

半球的增长。”皇家海军召回了它的西印度分遣队。[①]

对英国来说合乎逻辑的选择是体面地撤退，避免打一场她不太可能取胜的战争，进而赢得（正如所希望的）一个强大国家的永恒的友谊。[②]

在美国扩张面前，对于在运河问题、阿拉斯加边界及其他地方作出的让步，英国国内并非没有怀恨在心，至少索尔兹伯里离开之后是这样的。实际上，塞尔伯恩、费舍尔和李等海军领导人在全面准备与美国作战的战争计划这个任务面前退缩了，因为这个前景在他们看来太恐怖、太难以置信了。然而，远东地区却没有如此明显的平静。在那里，面对着法国、德国尤其是俄国的威胁行动，英国政府为保护国家商业和政治利益面临着严重的压力。中国地区是几十年英国商业和“非正式”的政治主导优势快速崩塌的经典例子，在这里英国感到她太过虚弱，在没有一个主要盟国支持的情况下，根本无力抵挡其他大国的推进。

不仅他们无力阻止俄国从西伯利亚、法国从印度支那由陆路推进以维护对中国的控制，而且海军的均势也令人惊慌失措。1901 年底，塞尔伯恩通报内阁，在中国海域英国拥有 4 艘一级战列舰和 16 艘巡洋舰，

---

① ［美］乔治·贝尔：《美国海权百年：1890—1990 年的美国海军》，吴征宇译，人民出版社 2014 年版。

② ［英］保罗·肯尼迪：《英国海上主导权的兴衰》，沈志雄译，人民出版社 2014 年版。

与之相比，法俄联合海军拥有7艘一级战列舰、2艘二级战列舰及20艘巡洋舰。一旦与法俄同盟爆发战争，英国远东利益面临的后果甚至对于那些主张在离家更近一些的海域集中兵力的人们也是显而易见的。由于这个原因，海军部主张与日本结成海军同盟……①

对我们来说，9艘战列舰对4艘战列舰，力量太过悬殊，我们最终不得不在中国海域增加部署战列舰。这样做将产生双重结果。这只会使我们在英吉利海峡和地中海取得勉强的力量均等，而帝国心脏位置的力量均等是一次危险的冒险。它还将极大地增大海军系统面临的压力，增加我们海军运行的支出……如果我们能够得到日本的结盟，情况将大不相同。

第二年，大英帝国和日本两国将共有11艘战列舰对付法俄同盟的9艘，而且我们巡洋舰数量也占优势。

大英帝国将没有必要向中国海域增派战列舰，最后将考虑立即在内海建立小幅优势的可能；我们可以减少在那个海域的巡洋舰数量，从而增派到其他迫切需要的驻地；我们远东贸易和殖民地也将免除威胁。②

---

① ［英］保罗·肯尼迪：《英国海上主导权的兴衰》，沈志雄译，人民出版社2014年版。

② ［英］保罗·肯尼迪：《英国海上主导权的兴衰》，沈志雄译，人民出版社2014年版。

> 同样出于对法俄主导东亚前景的警觉，日本也渴望建立这样一个联盟。1902 年 1 月 30 日两国联盟条约签订之后，英国人感觉到他们在东方松了一口气。①

1902 年英日同盟的建立，是英国的一个“明智”的战略举措，这既在远东平衡了俄、法、德的势力，又牵制了美国的影响力，而后者是至关重要的。在 1903 年，英德意三国联合封锁委内瑞拉事件，后因美国声势浩大的冬季演习而草草收场。至此，英国做出了一个更加“智慧”的战略举措，与美国化敌为友，共享世界权力，英国专注于东半球，美国专注于西半球。这样英国可以腾出手来干涉欧洲大陆事务，尤其是遏制蓬勃发展的德意志第二帝国的海军，以维护英国本土最核心的利益。同时，又依靠英日同盟牵制与平衡美国的影响力。

此后，在 1904—1907 年，英国进行了大踏步的战略撤退，从全球收缩，以应对德国的威胁，而把美日法俄顶上了前台，此举直接影响了随后四十多年的战略格局，而暂时保住了自己世界霸主的地位。因为除了德国，没有一个国家可以单独挑战英国，英国虽然战略撤退了，但核心海外殖民地尚在，让出的战略空间里的英国利益，美日等国也会保证，至此英国将自己的主要对手锁定为德国。英国的这一系列战略举措是一个“成熟”国家的标志与典范，下面我们看看英国这次战略撤退的具体步骤。

---

① ［英］保罗·肯尼迪：《英国海上主导权的兴衰》，沈志雄译，人民出版社 2014 年版。

……由于军队在布尔战争中表现不佳、对崛起的德国及法国和俄国形成长期挑战的怀疑，以及对陆军和海军支出疯狂上升的绝望，英国对整个国防体制进行了一次彻底而急剧的大调整……①

1904—1907 年，英国海军大臣约翰·费希尔爵士进行了大刀阔斧的改革。首先，他将“部队陆续从西印度群岛、百慕大、克里特岛和加拿大撤出，还减少了南非和地中海驻军的数量”。② 接着，为了节省海军经费及提高效率，共有 154 艘舰船被费希尔清除出现役名单，这些舰船包括：巡洋舰、小型战舰、炮艇和炮船。费希尔主导了新型战舰——拥有重装甲重火炮高航速的“无畏”级战列舰的建造，“无畏”级的出现改变了海战的模式，弥补了退役战舰对英国皇家海军火力的影响，提高了作战效率，使英国海军经费在下降的同时，战斗力却有较大跃升。最后，费希尔从全球召回可以召回的舰队，同“无畏”级战列舰一起蹲守北海，以封死德国的海军。

第一次世界大战期间，英国杰利科率领的“大舰队”，在北海死死封住了德国公海舰队，杰利科的舰队使北海变成一座监狱，“犯人”正是德皇威廉二世大力打造的、用以挑战英国海上霸权的“德意志第二帝国公海舰队”。德国的失败，很大程度上是重金打造的舰队既没有对敌人造成重大损失，更没有

① ［英］保罗·肯尼迪：《英国海上主导权的兴衰》，沈志雄译，人民出版社 2014 年版。

② ［英］保罗·肯尼迪：《英国海上主导权的兴衰》，沈志雄译，人民出版社 2014 年版。

为德国获得重大国家利益，徒耗国力的结局是1918年德国水兵率先起义。杰利科的封锁实为重要原因。

有人评价费希尔的改革，“像拿破仑一样大胆，像克伦威尔一样彻底”。[1]

> 费希尔连根带叶彻底的改革举措，加上此时英国高超的外交手段，将给英国创造一个喘息之机；但她早已意识到，她再无力建造一支能够应对所有其他国家舰队的海军。[2]

> 从西半球、远东及其他遥远的海洋撤出的决定，以及随后在这些地区对日本和美国的依赖，尽管有些不太情愿，但白厅一直认为这样做既明智也很有必要。毕竟，这两个国家兴起的残酷事实是不可避免的，对此英国政府早就私下里承认了。[3]

所以说，英国这次战略收缩是“智慧”之举，特别值得详细研究。英国若不收缩，而是选择与美国对抗，德国的崛起将是必然，英国将遭受陆海两方面的战略挤压，其世界霸权也就不复存在了。英国这次战略收缩是一系列组合拳，先是法俄威胁，后是德国威胁，导致英国从全球撤兵保卫北海，守护本土，这极大削弱了英国全球行动的能力，进一步削弱了英国全

---

① ［英］保罗·肯尼迪：《英国海上主导权的兴衰》，沈志雄译，人民出版社2014年版。

② ［英］保罗·肯尼迪：《英国海上主导权的兴衰》，沈志雄译，人民出版社2014年版。

③ ［英］保罗·肯尼迪：《英国海上主导权的兴衰》，沈志雄译，人民出版社2014年版。

球霸权，而英国先与日本签订协约对付法俄，并牵制美国后又与美国和解，东西半球分治，在明确德国为对手后，旋即与法俄和解，共同对付德国。正如英国人自己说的，“英国创造了一个喘息之机”。

（二）第二次世界大战后英国的战略收缩

第二次世界大战后，英帝国的经济事实上已经崩溃了，广大自治领纷纷要求独立或谋求美国的保护，进一步重创了英国崛起的可能，再加上苏联对欧洲及地中海地区咄咄逼人的战略进攻态势，更加令英国疲惫不堪。最后，英国只能无奈选择再次战略收缩，将广大海外利益和平让给美国，以寻求美国的保护。至此，英国已不再是世界最强大的国家，沦为了二流国家的行列。

美国对英国的世界霸主地位的接收主要体现在两个方面：一个是经济上美国对英国的取代，具体体现在世界主导货币上美元对英镑的取代；另一个是美国取代英国成为西方世界的领头羊，和平接收英国的海外战略地盘，以一系列公约模式确立了美国的领导地位，完成了美国对英国世界霸权的取代，以对抗苏联的影响。随后“冷战”时期的美苏争霸，实际上由于苏联更侧重陆上霸权与近洋海权，而美国是全球性霸权，以海上为主、海陆兼备型，世界霸主地位从整个冷战时期看应该是美国，战略主动权大多数时间为美国所掌握。

1. 经济上美国对英国的取代，世界货币美元对英镑的取代

由于第二次世界大战初期，德国对英国的绝大战略压力，仅凭英国一国无以对抗拥有欧洲大陆主体的纳粹德国，英国向

美国发出了“求救信号”。鉴于英国开战初期的巨大损失及其国家经济的崩溃窘境，美国总统罗斯福说服美国国会，通过了《租借法案》。这个《租借法案》不是大家所熟知的，对世界反法西斯盟国的无私援助，而是有其深刻的目的和背景。就英国及英镑的世界霸权而言，美国倡导“盟国资源共享的观念”，严格限制英国的出口贸易及黄金和美元储备，美国强调，“任何租借物品都不能用于出口，英国生产的类似产品也不允许出口至海外市场”。[①]《租借法案》的目的之一就是，美国意欲凭借此法案及英德大战中英国的巨大损失，以取代英国世界贸易的主导地位。

> ……在加强对世界原材料控制的欲望，以及打破那些在20世纪30年代阻碍美国出口活动的贸易集团的决心的推动下，华盛顿的政治和商业领导人谋求终结“英镑集团”以及1932年渥太华会议建立的“帝国优惠体系”；……积极谋求终结欧洲殖民帝国，确保他们自己的公司拥有完全的自由去获取中东的石油、马来亚的橡胶和锡、印度的市场及其他殖民地——同时，确保美国的原材料、关税及势力范围（尤其在拉美）不会被她提出的诸多要求的盟国所损害。因此，美国在《大西洋宪章》、1942年《租借法案》以及在其他地方反复坚持“有权享有世界的贸易和原材料”；经常与伦敦围绕海湾国家、沙特和伊朗等

---

① ［英］保罗·肯尼迪：《英国海上主导权的兴衰》，沈志雄译，人民出版社2014年版。

国油田的控制权而冲突；努力通过减少租借品的数量来控制英镑账户平衡的规模；计划组建由美国控制的国际银行业基金……[1]

正如一位英国史学家所指出的，现在《租借法案》正使得英国经济“在战争结束时无力对抗美国”。[2]

第二次世界大战给英国造成了巨大的灾难和损失，至1945年战争结束，英国商船损失总吨位达到1145.5906万吨，尽管慌忙重建商船，但其商船队规模仍然减少至1939年时的70%（而美国的商船队现在比欧洲商船队总和还要庞大）；6年的战争压力已经拖垮了大部分英国的工厂，[3] 战争导致英国的出口贸易急剧下滑，从数据来看，事实上其国家的经济已经破产。英国出口贸易总值由1938年的4.71亿英镑减少至1945年的2.58亿英镑。同期，进口从8.58亿英镑增加至12.99亿英镑，海外负债几乎增加了5倍，达到33.55亿英镑，高达12.99亿英镑的资本资产被清算，因此，以此为来源的纯海外收入减少了一半，使得其更加难以实现收支平衡。英国大概损失了战前财富的四分之一（73亿英镑），已经尴尬地成为世界上最大的债务国。[4]

---

① ［英］保罗·肯尼迪：《英国海上主导权的兴衰》，沈志雄译，人民出版社2014年版。

② ［英］保罗·肯尼迪：《英国海上主导权的兴衰》，沈志雄译，人民出版社2014年版。

③ ［英］保罗·肯尼迪：《英国海上主导权的兴衰》，沈志雄译，人民出版社2014年版。

④ ［英］保罗·肯尼迪：《英国海上主导权的兴衰》，沈志雄译，人民出版社2014年版。

第二次世界大战结束后，美国总统杜鲁门随即终止了《租借法案》，不再对包括英国在内的其他盟国借款和输血，取而代之的是在金融和贸易市场上的“大收割”，美国废除了英国主导的“英镑集团”和“帝国特惠制”，建立了以美元为结算主体的新的世界经济体系，从而彻底结束了英镑的世界主导货币地位，美元成为世界主导货币。至此，美国终于在经济上完成了对英国的取代。

2. 美国在战略地位上完成对英国世界霸权的取代

美国对英国世界霸权的取代早在第二次世界大战初期就已经开始了，在《租借法案》通过之前，美国已在1940年通过与英国达成的基地租用协议，向英国及加拿大提供大量驱逐舰，以换取使用英国在西半球的基地，笔者在第四部分会把《大西洋宪章》前后与美国相关的国家条约展现给读者，大家可以一目了然地看到美国的意图与动作。

第二次世界大战结束后，为了防御西欧，阻止苏联对欧洲的入侵，美国获得了对欧洲的主导地位，完成了对欧洲的驻军。1949年，《北大西洋公约》在美国华盛顿签字生效，由美国主导的北大西洋公约组织是西方最重要的军事组织，美国借此控制了欧洲的防务体系至今。北大西洋公约组织的成立，是美国成为世界超级大国领导地位的标志。

之后，美国逐步完成了对地中海的接管，英国将地中海的控制权让给了美国。伦敦的《观察家报》写到：“250年来头一次，在地中海积极伸张海权的不是英国，而是另外一个国家。……在反对苏联企图控制海峡的事件中，美国已开始接过英国在历史上扮演的外交角色。”[1] 最终，英国将维持东地中海稳定的责任交给了美国，美国通过 1947 年的“杜鲁门主义”接受了它。[2]

美国对亚太及印度洋地区的接管：1947 年签订了《里约条约》之后，1951 年又相继诞生了《美菲共同防御条约》《澳新美安全条约》以及与日本的安全条约。[3] 通过这一系列的条约，美国巩固了在亚太地区的主导地位，除了太平洋战争中从日本人手中夺得的战略利益，就是战后从英国手中和平接收了诸如新加坡、加里曼丹岛（婆罗洲）、马来亚等战略地盘。1966 年英美签订协议后，迪戈加西亚岛成为美国在印度洋的重要海空军基地，该岛位于非洲好望角、红海、马来西亚、新加坡、南中国海、澳大利亚间多条航路的汇合点，战略地位十分重要，凭借此基地，美国获得了印度洋的主导权。

综上所述，英国 20 世纪头十年间的战略收缩是主动的、“智慧”的撤退，而第二次世界大战后的战略收缩是被动的、无奈的撤退，是国力大损的象征，是新老霸主的交替，其中的五味杂陈只有当事国能够真正体会。

我们需要注意到，美国对英国世界霸权的取代，有三点最为有意义、有借鉴价值。第一，美国先是完成了对英国经济上

---

① ［美］乔治・贝尔：《美国海权百年：1890—1990 年的美国海军》，吴征宇译，人民出版社 2014 年版。

② ［美］乔治・贝尔：《美国海权百年：1890—1990 年的美国海军》，吴征宇译，人民出版社 2014 年版。

③ ［美］乔治・贝尔：《美国海权百年：1890—1990 年的美国海军》，吴征宇译，人民出版社 2014 年版。

的取代，然后才是战略地位的取代。第二，美国是和平接过了英国的衣钵，美英两国没有爆发军事冲突，这种战略地位取代是经济取代后的必然结果。第三，英国国家战略的变化导致或是加速了其世界霸权的衰败。英国赖以成为世界霸权的国策是“海洋战略 + 大陆均势”策略，英国两次世界大战先后将德国锁定为主要对手，积极介入了欧洲大陆事务，从而严重削弱了其保卫海外利益的能力，致使其殖民经济体系快速崩溃，最终无奈地走下了神坛。

20 世纪初，从战略上讲，世界上崛起的大国中对英国威胁最大的首先是美国，其次才是德俄法等国。英国选择与最大经济对手——美国和解，而投身于其认为的最大战略对手——德国的战场，其必然结果就是让自己的国家实力在与欧陆新兴强国的对抗中快速燃烧，直至精疲力竭，无法在战后保持自己的世界地位和国家核心利益，必然会让位给拥有天然地理优势和最大经济潜力的国家——美国。英国世界霸权被美国取代的结局，其实在英国第一次世界大战前将德国视为主要对手的时刻就已经决定了。

四、《大西洋宪章》前后与美相关的国际条约确定美国西半球统治权

美国在第二次世界大战开始之前就已经开始为冲击世界霸主地位做了充分的准备，美国步步为营，通过一系列国际条约，巩固自己在西半球的主导权，并继续获得英国海外领地的

主导权。

1.《美洲国家间维护和平会议所通过的关于维护、保持以及重建和平公约》

《美洲国家间维护和平会议所通过的关于维护、保持以及重建和平公约》于1937年8月25日生效，除阿根廷、玻利维亚、秘鲁和乌拉圭四国外，所有美洲国家均于1941年1月1日前在阿根廷首都布宜诺斯艾利斯交存了批准书。美国通过这个公约进一步巩固自己在美洲的主导地位，以应对即将到来的战争威胁。再加上之前于1936年3月2日订于华盛顿的《美利坚合众国和巴拿马共和国为进一步加强两国间友好联系和合作并为调整由于建筑通过巴拿马地峡的两洋间运河而发生的某些问题的条约》，美国彻底掌控美洲。

美洲国家间维护和平会议所通过的关于维护、保持以及重建和平公约[①]

（1936年12月23日订于布宜诺斯艾利斯）

参加美洲国家间维护和平会议的各国政府，认为：

按照美利坚合众国总统富兰克林·特·罗斯福的声明——本次会议的召开是符合他的崇高理想的，本会议所采取的各项措施，“将推进世界和平事业，因为行将达成的协议将充实和增强国际联盟以及已存在的或者行将建立的一切其他和平组织

① 《国际条约集（1934—1944）》，世界知识出版社1961年版。

在设法防止战争方面的努力”；

一切战争或战争的威胁均直接或间接影响一切文明人类并危害自由与正义的伟大原则，该原则构成美洲的崇高理想以及美洲国际政策的准则；

几乎所有文明国家，不论是其他和平组织的成员国与否均已接受1928年巴黎条约（白里安—凯洛格公约），及1933年的互不侵犯与和解公约（签订于里约热内卢的《萨佛德腊·拉马斯公约》），已获得参加本会议的二十一个美洲国家的赞同；

决定签订本公约，使上述宗旨具有契约形式，拜为此目的，任命全权代表如下：

上述各代表交存全权证书经认为妥善后，议定条款如下：

第一条

当美洲各共和国的和平受到威胁时，并为协调他们的力量来制止战争起见，签字于1928年巴黎条约或1933年互不侵犯与和解条约的或在两个条约都签字的任何美洲共和国，无论他们是其他和平组织的成员国与否，应与其他美洲各共和国政府协商，在这种情况下，后者为谋求和采取和平协作方法的目的，亦应彼此间进行协商。

第二条

在美洲国家间发生战争或者事实上战争状态的情况下，参加本会议的美洲共和国政府应毫不迟延地进行必要的相互协商，以便交换意见，并在上述各公约及在国际道义准则所涉及的义务内，觅求和平协作的方法；并且在美洲以外的国际战争可能威胁美洲各共和国的和平时，各签字国如果愿意，亦应举行此种协商，以便确定他们可能为确保美洲和平而采取联合行动的适当时间和方式。

第三条

缔约各国同意关于本公约解释上的一切问题，如不能通过外交途径予以解决，应提交现行协定所规定的和解程序，或者提请仲裁或司法解决。

第四条

缔约各方应按各自宪法程序批准本公约。公约正本和批准书应交存于阿根廷外交部，它应将批准书通知其他签字国。本公约应依缔约各方交存各自批准书的顺序在它们之间生效。

第五条

本公约将无限期有效，但是，得以一年期间的通知予以退出，一年期满后，本公约对通知退出的缔约一方失去效力，但是对其他签字国依然有效。退出的通知应向阿根廷政府提出，后者应以此送交其他各缔约国。

上述各全权代表在本公约签字盖章，以资证明。本公约用英文、西班牙文、葡萄牙文和法文写成。1936 年 12 月 23 日订于阿根廷首都布宜诺斯艾利斯城。

巴拉圭保留

巴拉圭对国际联盟的特有国际地位提出明白和正式的保留。

2. 《美洲各国团结的联合宣言》

《美洲各国团结的联合宣言》，即“巴拿马宣言”。在德国闪击波兰后，美国迅速联合美洲其他各国，共同应对来自大西洋的危险。

美洲各国团结的联合宣言[①]

（1939年10月3日通过于巴拿马）

出席首次外交部长会议的美洲各共和国政府，根据构成他们制度的基础的民主精神紧密地结合在一起，愿借此机会加强此项精神所产生的团结，并愿维持美洲的和平以及促进全世界和平的重建宣布：

甲、它们重申1938年在利马的第八次美洲国家会议所发布的本半球各国团结一致的宣言；

乙、作为有效地完成在世界范围内文明和文化的历史性的发展所承担的责任之不可缺少的条件，他们愿用尽一切适当的力所能及的精神上和物质上的措施以维持和加强美洲各共和国之间的和平和协调；

丙、这些原则不带任何孤立的自私目的，而实在是由普遍合作的深意所鼓舞，此项深意促使这些国家表示最热烈的愿望，即停止在欧洲一些国家目前存在的悲惨的战争状态——此项战争状态使人类最可贵的精神上、道德上和经济上的利益遭受严重的危险——并且重建全世界的和平——不是基于暴力而是基于正义和法律的和平。

① 《国际条约集（1934—1944）》，世界知识出版社1961年版。

3.《美利坚合众国和联合王国陛下政府关于在英属外大西洋领土给予美利坚合众国政府海军和空军便利以及将合众国驱逐舰移交给联合王国政府的换文》

本条约签订的时候，法国已经投降，纳粹德国异常猖獗，英国岌岌可危，于是美国以 50 艘旧驱逐舰的代价换得大西洋西部英国各属地，作为美国的军事基地。这是美帝国主义在大西洋中扩张的明显表现。至此，美国扩大了自己在西半球的统治权，世界霸主英国，在德国给自身带来的生存危机的窘境下，被迫开始走下“神坛”。

美利坚合众国和联合王国陛下政府关于在英属外大西洋领土给予美利坚合众国政府海军和空军便利以及将合众国驱逐舰移交给联合王国政府的换文[①]

（1940 年 9 月 2 日于华盛顿，同日生效）

一

先生：

我根据陛下外交大臣的指示，谨通知您：鉴于联合王国陛下政府对于合众国国家安全问题上的友谊基础和同情的关心以及陛下政府对于加强合众国和美洲其他各国有效地合作防御西半球能力的愿望，陛下政府将使合众国政府在阿伐隆半岛、纽芬兰南岸、百慕大东岸以及百慕大大湾免费和无偿地获得租借

① 《国际条约集（1934—1944）》，世界知识出版社 1961 年版。

权，立即建立和使用海军和空军基地和设备，以便进入上述地区并将上述地区予以运用和保护。

此外，鉴于以上各节，又鉴于合众国有在加勒比海及在英属圭亚那获得更多空军和海军基地的愿望，陛下政府不拟就可能涉及的许多有形和无形的权利和财产估定一种金钱上或商业上价值，将使合众国在巴哈马群岛的东边、牙买加的南岸、圣露西亚的西岸、特里尼达的西岸、巴里亚海湾、安底古亚岛、距乔治镇在五十里以内的英属圭亚那等地可以立即建立和使用海军和空军基地和设备，以便进入上述地区并将上述地区予以适用和保护，而以合众国政府向陛下政府移交海军和陆军装备和物资为交换。

前面各段所述一切基地和设备将租借给合众国，以九十九年为期，除由于建立有关基地和设备而向私有财产所有人补偿其因征收或损坏所生损失，其补偿金额经双方议定后由合众国支付外，应免除一切租金和费用。

陛下政府将在协议的租借案中给予合众国就租借期间在所租借的基地内，并在邻接或靠近此项基地的领水和空间范围内，有为进入或保卫此项基地及对此项基地的管理作出适当规定所必要的一切权利、权力和权限。

在不妨碍上述合众国当局的权利及其对租借地区的管辖权的情况下，合众国当局就上述地区的管辖权和上述地区所属各领土当局的管辖权之间的调整及协调办法应通过共同协议予以确定。

上述基地的确址和界限，必要的通海、沿岸和防空保卫设备，足够的军事戒备地、仓库以及其他必要辅助设备的地址，均将通过共同协议予以确定。

陛下政府准备为上述目的立即指定专家和合众国专家会晤。如果上述专家就纽芬兰和百慕大以外的任何个别事情不能达成协议时，应由合众国国务卿和陛下的外交大臣予以解决。

我顺致最崇高的敬意，并荣幸地为你效劳。

此致

美利坚合众国国务卿

尊敬的考台尔·赫尔

洛西安

1940 年 9 月 2 日于华盛顿

二

阁下：

我已收到 1940 年 9 月 2 日你的来照，其内容如下：

（见前）

我受总统的指示对你的照会答复如下：

“合众国政府对你来照内所载陛下政府的声明和大度行动敬致谢意，此项声明和行动旨在增进合众国的国家安全并大大地加强合众国和美洲其他各国有效合作防御西半球的能力。合众国政府欣然接受此项建议。

“合众国政府将立即指定专家和陛下政府所指定的专家会晤，以便确定本照会作答的来照所述海军和空军基地的确址。

“为酬答上面引述的声明起见，合众国政府将立即以一般称为一千二百吨型的合众国海军驱逐舰五十艘移交给陛下政府。”

阁下，请接受我的最崇高敬意。

此致

英国大使尊敬的洛西安侯爵阁下

考台尔·赫尔

1940年9月2日于华盛顿

为了贯彻这一条约，1941年3月27日，美英加三国又签订了一系列的协定、换文和议定书。

4.《大不列颠和北爱尔兰联合王国政府与美利坚合众国政府关于基地租借给美利坚合众国的协定以及联合王国政府、加拿大政府与美利坚合众国政府关于纽芬兰防御的议定书》

大不列颠和北爱尔兰联合王国政府与美利坚合众国政府关于基地租借给美利坚合众国的协定以及联合王国政府、加拿大政府与美利坚合众国政府关于纽芬兰防御的议定书[①]

（1941年3月27日订于伦敦，同日生效）

第一号

鉴于大不列颠和北爱尔兰联合王国政府经与纽芬兰政府协商后，现愿进一步贯彻英王陛下特命全权大使洛西安侯爵阁下

① 《国际条约集（1934—1944）》，世界知识出版社1961年版。

代表上述政府于1940年9月2日给予美利坚合众国国务卿通知内的声明，该通知的副本列在本协定附件一，并作为本协定的一部分；

又鉴于兹经同意在纽芬兰、百慕大、牙买加、圣露西亚、安底古亚、特里尼达和英属圭亚那各地租借给美利坚合众国的海空基地的租借合约即将大体上依本协定附件二内所列租借合约格式予以签订，租借合约格式业经核定，另外关于在巴哈马基地的一个类似的租借合约将尽速签订；

又鉴于各方均希望以共同协议对1940年9月2日通知以及同日美利坚合众国国务卿尊敬的考台尔·赫尔对此通知的答复内关于上述基地租借合约的某些问题予以明确，此项答复经列在附件一并作为本协定一部分；

又鉴于各方均希望本协定应依联合王国政府与美利坚合众国政府间的睦邻精神予以履行，关于实际适用的细节应以友好合作精神予以安排；

为此目的，下面签字人经正式授权，议定各条如下：

第一条　权利的一般说明

（一）美利坚合众国在租借地区内应有为租借地区的建立、使用、运用及防御所必要的和适合于控制这些地区的一切权利、权力和职权，并在邻接或接近租借地区的领水和空间范围内为进入和防御租借地区所必要或适合于控制这些地区的一切权利、权力和职权。

（二）上述权利、权力和职权，其中应包括关于以下各项的权利、权力和职权：

（甲）建筑（包括疏浚和填塞）、维持、运用、使用、占用和管制上述基地；

（乙）改善和掘深港口、河道、进口和系泊地点以及一般地使地点合于海空基地之用；

（丙）在基地的有效运用所必要的范围内并在军事需要的限度内，管制船舶和浮水工具的系泊、停泊和行动以及航空器的系泊、停泊、降落、起飞、行动和操作；

（丁）在租借地区内调整和管制租借地区以内，往来该区的一切交通；

（戊）装置、维持、使用和运用海底及其他防御工事、防御设计和管制、包括探测和其他类似设备。

（三）合众国同意在行使上述权利时，所给予它在租借地区以外的权力不应不合理地予以使用，或者妨碍来自或前往各属地的航海、航空或交通的必要权利，而应依序言第四句的精神予以使用，但出于军事上需要所要求者不在此例。

（四）在租借地区以外实际上适用上述各款时，合众国政府与联合王国政府应于必要时进行协商。

第二条　特别紧急权力

如合众国从事战争或处于其他紧急状态时，联合王国政府同意合众国得在各属地内及其周围的水域或空间行使合众国为进行它认为应有的任何军事行动所必要的一切权利、权力和职权，但行使此项权利时，应尽一切可能顾及序言第四句的精神。

第三条　权利的不行使

合众国并无义务改善各租借地区或其任何部分以供海空基

地之用，或行使就各租借地区而给予的任何权利、权力或职权，或对这些地区设防；但如合众国对于任何租借地区或其任何部分不依本协定所载目的加以使用时，联合王国政府或属地的政府得在租借地区采取经与合众国协议为维持公共卫生、安全、法律和秩序以及有必要时，防御所应有的步骤。

第四条　管辖权

（一）合众国对任何有关下述罪行的案件有首先受理和行使管辖的绝对权利：

（甲）合众国军队成员、合众国国民或者非英国臣民的人被控诉在租借地区以内或以外犯了依合众国法律应予处罚的军事性罪行，包括但不限于叛国罪、破坏罪、间谍罪或者妨碍有关合众国海空基地、场所、设备或其他财产的安全或保护，或者妨碍有关合众国政府在该属地内的活动的罪行；

（乙）英国臣民被控诉在租借地区以内犯了任何上述罪行而在租借地区被逮捕者；

（丙）非英国臣民的人被控诉在租借地区以内犯了任何其他性质的罪行。

（二）如果根据第五条所制定的立法或属地的其他法律此项罪行应予处罚而合众国决定不予受理及行使管辖权时，合众国当局应以此通知属地的政府；如经属地的政府与合众国当局同意被指控的罪犯应予审判时，合众国当局并应为此目的将其移交给属地的主管当局。

（三）英国臣民如被控诉在租借地区以内犯了本条第一款（甲）项所述性质的罪行而不在租借地区被逮捕时，如果他在租借地区以外的属地境内应提交属地的法院审判；如依属地的法律，罪行不应处罚时，则经合众国当局请求时，应将其逮捕并送交合众国当局，合众国有权对指控的罪行行使管辖权。

（四）被控诉的人如为英国臣民而由合众国依本条行使管辖权时，应由在属地内租借地区开庭的合众国法院审判。

（五）本条任何规定不得解释为影响、妨碍或限制合众国根据合众国法律及依此项法律制定的任何条例所授予的，对合众国军队成员就纪律及内部管理事项在任何时间充分行使其管辖及管制。

第五条　安全立法

属地政府将采取根据随时同意认为对制定立法所必要的步骤，以保证合众国海空基地、场所、设备和其他财产，以及合众国依租借案和本协定所作活动的充分安全和保护，并保证对违反为此目的而制定的任何法律或条例的人处以刑罚。属地政府并将随时与合众国当局协商，务使合众国和属地关于此类事项的法律和条例在情况所许可的范围内性质相似。

第六条　逮捕及诉讼文书的送达

（一）除经主管租借地区内合众国军队的指挥官同意外，不得在任何租借地区以内执行逮捕及送达民刑事诉讼文书，但如指挥官拒绝给予上述同意时（合众国当局决定依第四条第一款受理及行使管理权的案件除外），该指挥官应即采取必要步骤逮捕被控诉的人并将其移交给属地的主管当局，或者将诉讼文书送达并安排此项诉讼文书的送达人出席属地的法院，或使该送达人作出必要的誓证或声明以证明上述送达事由。

（二）对于合众国法院依第四条有管辖权的案件，属地的政府将于接得请求时就送达诉讼文书以及逮捕和移交被指控的罪犯给予相互的便利。

（三）本条“诉讼文书”这一名称包括传唤通知、传票、拘票、令状或使任何民刑事诉讼案内所需要的证人到庭或任何文件或证物提出的其他司法文件。

第七条　合众国律师的出庭权

在合众国军队成员因被指控在执行公务时发生的行为或不行为而在属地的任何法院内成为民刑事案件当事人的案件中，合众国律师（被准许在合众国法院执行职务者）应有权出庭，但以该律师为合众国政府服务并认为此目的由主管当局予以一般或特别委任者为限。

第八条　罪犯的移交

被控犯罪的人应归属地的法院处理者，如该人是在租借地区内时，或者被控犯罪的人依第四条应归合众国的法院处理者，如该人是在属地内而在租借地区以外时，该人应按照属地的政府与合众国当局间成立的特别协议移交给该政府或该当局，视其情况而定。

第九条　公共服务

合众国有权使用属于属地政府的或联合王国政府的或者由上述政府管制或调度的一切公用事业、服务和设备，道路、公路、桥梁、栈桥、运河及类似运输航道，其使用条件应相当于并不低于随时适用于联合王国的条件。

第十条　测量

（一）合众国有权于给予属地的政府适当的通知后，在租借地区以外的属地的任何部分及其邻接水域内作地形和水文测量。这样作成的任何测量图副本并附名称和三角测量资料应供给属地的政府。

（二）联合王国政府或属地的政府所作任何这种测量，应将通知及副本给予合众国当局。

第十一条　航运与航空

（一）安放或设置在租借地区及其邻接领水或附近的灯光及帮助船舶和航空器航行的设备应符合于在属地内适用的制度，其地位、特征以及任何变更应事先通知属地的主管当局。

（二）对于由陆军部、海军部、海岸防卫队或海岸测量队驾驶的合众国公有船舶出入租借地区或附近领水时，不得征收属地内的强制领港费、灯塔照明或港口等税。如果雇佣领港员时，应依适当费率给付领港费。

（三）英国商船得与合众国商船在同样条件下使用租借地区。

（四）兹经了解：就沿岸航行法律而言，租借地区不是合众国领土的一部分，因此不得排除英国船舶在合众国与租借地区之间的贸易。

（五）除经合众国与联合王国政府协议外，不得准许商业航空器从任何基地行驶（但因紧急事故或为严格的军事目的而在陆军部或海军部监督下者不在此限）；就纽芬兰而言，上述协议应由合众国与纽芬兰政府达成。

第十二条　汽车交通

（一）合众国所确定的标准式或考验式汽车不得因其不合于有关汽车制造的任何法律而阻止其使用属地的道路。

（二）属于合众国政府的汽车在属地内使用，不付登记或执照的捐税或费用。

第十三条　移民

（一）派驻租借地区的合众国军队任何成员或者受合众国政府雇佣或与合众国订有契约的任何人（非与英王陛下交战的国家国民）与属地内基地的建筑、维持、管理或防御有关，为本协定之目的而进入属地时，属地的移民法律对他们不应生效亦不适用，因此不得阻碍他们进入，但合众国将作出适当安排，使他们能被迅速辨认，并证明其身份。

（二）如在属地以内经依前款被准许入境的任何人的身份有变更从而不再享有入境之权时，合众国当局应通知属地的政府，如该政府要求该人离开属地时，并应负责于合理时间内供给他离开属地的旅费；同时并应防止他成为属地的公共负担。

第十四条　关税及其他税

（一）对下列各项不得征收进口税、国内税、消费税或其他税、捐或杂捐：

（甲）寄交或目的地为合众国当局或承包人而为建筑、维持、管理或防御基地之用的材料、设备、供应品或货物；

（乙）在陆军部、海军部、海岸防卫队或海岸测量队的合众国公有船舶上使用或消费的货物；

（丙）寄交合众国当局为政府管制下机构称为随营服务

部、船上服务商店、贩卖部或军人俱乐部所用的货物，或者在上述机构出售给合众国军队成员、合众国国民与基地有关而受雇的合众国平民雇员或与上述人员同住并不在属地内从事任何商业或职业的家庭成员的货物；

（丁）前项所指的人以及合众国国民因建筑、维持或管理基地而受雇佣并仅因上述雇佣关系而留在属地的承包人及其受雇人的个人行李或家庭用具。

（二）对于第一款所述材料、设备、供应品或货物如从属地再输出时，不得征收出口税。

（三）对于路过属地其他部分而出入租借地区的材料、设备、供应品或货物，本条仍应适用。

（四）合众国当局应采取行政措施，以防止将根据本条第一款（丙）项出售的或根据第一款（丁）项进口的货物转售给无权在上述随营服务部、船上服务商店、贩卖部或军人俱乐部购买货物的人，或者无权根据第一款（丁）项可以免税输入的人，并应一般地防止滥用本条所给予的海关特权。为此目的，合众国当局与属地的政府之间应进行合作。

第十五条　无线电与有线电

（一）除经属地的政府同意外，不得为非军事目的而在属地设置无线电台或安放海底电线。

（二）关于无线电发射设备所用频率、电力以及类似事项的一切问题应通过彼此协议予以解决。

第十六条　邮政便利

合众国有权在租借地区内专为合众国军队、合众国国民因与基地的建筑、维持、管理或防御有关而被雇佣的非军事人员（包括承包人及其雇员），以及上述人员的家属之用设立合众国邮政局，以供租借地区由合众国各邮政局之间、上述各邮政局与其他合众国邮政局以及巴拿马运河区和菲律宾群岛各邮政局之间的内部使用。

第十七条　征税

（一）合众国军队成员或因与建筑、维持、管理或防御基地有关而在属地服务或受雇并仅因上述雇佣关系而居住属地内的合众国国民或其妻子或未成年子女在属地内不负缴付所得税的义务，但收入来自属地者不在此例。

（二）上述的人在属地无义务缴付任何人口税或对其人身所征类似的税款，亦无义务对坐落于租借地区以内或在属地以外财产的所有权或使用缴付任何税款。

（三）经常居住于合众国的人在属地内无义务对在合众国为建筑、维持、管理或防御基地而同合众国政府订立的契约从而取得的任何利润，缴付所得税，亦无义务对因建筑、维持、管理或防御基地而为合众国政府担任任何服务或工作缴付性质属于执照费的任何税款。

第十八条　商业与职业

除经属地的政府同意外，

（一）不得在租借地区内设立商业，但第十四条第一款（丙）项所指的专对第十六条所述之人售货并禁止转售的机构，就本条而言，不应认为是经营商业。

（二）不得有在租借地区内惯常提供任何职业上服务的

人，但对合众国政府或第十四条第一款（丙）项所指的人服务或为其服务者不在此限。

第十九条　租借地区外的军队

（一）根据与联合王国政府或属地政府个别签订的协定而在租借地区以外驻扎或活动的合众国军队应享有与驻扎在租借地区以内合众国军队相同的权利和地位。

（二）合众国不因任何上述协定而负担在租借地区以外维持军队的义务。

第二十条　租借地区以外的卫生措施

合众国有权会同属地的政府，并于必要场合会同有关的地方当局行使上述政府和当地当局以及联合王国政府所具有的权力，例如为视察的目的而在租借地区附近进入任何产业并为改善卫生和保护健康而采取任何必要的措施，除对私人所有者，如其有之，给予公允补偿外，不给付其他代价。

第二十一条　放弃

合众国得随时放弃任何租借地区或其一部：不因此负担任何责任，但应将其此项意图尽早通知联合王国政府，在任何情况下不得少于一年。在通知时期届满时，被放弃的地区将回复于出租人。如无上述通知，不得认为放弃已经发生。

第二十二条　改善设备的拆除

合众国得在租借合约终止以前或在终止后合理时间内随时将合众国所设置或以其名义设置在租借地区内或领水内的一切或任何可以拆除的改善设备取去。

第二十三条　不得转让的权利

合众国不得将任何租借地区的全部或任何部分转让、转租或放弃其占有，或对根据租借合约或本协定给予的任何权利、权力或职权作上述处理。

第二十四条　占有

（一）本协定签字时，各租借地区的租借合约应即大体上按照本协定附件二所列的格式予以签订，上述租借合约及本协定所规定的权利、权力、职权及管制（包括占有的移转，如果以前尚未移转）立即从此生效，并得在上述租借合约未签订前，暂时行使上述权利，只要界址业已明确，租借地区的占有应立即移交。如任何租借地区一部分的精确界址在获得较详说明以前尚不能断定时，则该部分的占有应尽可能从速移交。本条并不要求租借地区内房屋的占有人在定有合理期间的腾让通知经发给或到期以前从此项房屋内迁出，对于获得另外住处的需要应给予适当顾及。

（二）前款不适用于巴哈马群岛，但条件相同于本协定附件二所列租借合约的关于该岛租借地区的租借合约，在双方协议所要求的特别规定限制下，将于该地区的界址获得协议时立即租借与美利坚合众国，届时本协定应适用于该地区。

第二十五条　保留

（一）包括在租借地区范围内以及其他方面由合众国根据本协定使用或占有的土地和水域之下、之上或与其相连的一切矿物（包括油类）和古物以及有关上述各物和埋藏物的一切权利保留给属地的政府和居民，但未获合众国同意，经保留的权利不得转让给第三者或在租借地区以内行使。

（二）合众国在符合军事要求的范围内，将准许在租借地区以内行使渔业特权，并在行使其权利时，将尽其全力避免损害属地的渔业。

第二十六条　对个别属地的特别规定

本协定附件三内各规定应仅对此项规定所涉及的属地有效力。

第二十七条　补充租借合约

合众国得通过共同协议就某一属地内所给予的租借合约未届满期间，以补充租借合约及双方所同意的条件，取将为使用和保护基地所必需的添附地区、基地和地点，此项条件应以本协定所包含者为基础，但有相反的特别原因时不在此限。

第二十八条　本协定的修改

合众国政府与联合王国政府同意如任何一方在本协定生效后一个合理时间内提出关于审查本协定任何规定的意见时，应予以同情的考虑，以便根据经验决定修改是否需要或合适。任何此项修改应经相互同意。

第二十九条

合众国政府与属地的政府将各尽其力互相协助，使本协定各规定依其宗旨充分实施，并将为此目的采取一切适当步骤。

在任何租借合约继续期间，属地的任何法律如损害或妨碍租借合约或本协定所授予合众国的任何权利时，在租借地区内均不得适用，但经合众国同意者不在此限。

第三十条　解释

本协定内下列用语，除依上下文应作别的解释外，各具有下面所赋予的意义：

“租借合约”是指根据本协定附件一所列通知而成立的租借关系，比任何属地而言，是指关于领土内一个地区而成立的租借关系。

“租借地区”是指就它成立一项租借关系的地区。

“基地”是指根据上述通知而建立的基地。

“属地”是指英王陛下的领地一部分，根据本协定附件一所列通知在该地成立一项租借关系；“该属地”是指有关的属地。

“合众国当局”是指美利坚合众国政府为行使有关这一用语的权力时随时授权或指定的当局或各当局。

“合众国军队”是指美利坚合众国的陆军与海军部队。

“英国臣民”包括受英国保护的人。

1941 年 3 月 27 日在伦敦签字，计两份。

大不列颠及北爱尔兰联合王国政府代表

温斯顿·斯·丘吉尔

克兰·庞纳

摩埃纳

美利坚合众国政府代表

约翰·格·威南特

查尔斯·法海

哈莱·及·麦隆纳

哈罗尔·皮赛麦艾

附件一

关于在英属外大西洋领土给予美国政府海空军设备以及将美国驱逐舰移交给英国政府的换文（1940 年 9 月 2 日于华盛顿）

……

附件二

（本附件包括关于纽芬兰、百慕大、牙买加、圣露西亚、安底古亚、特里尼达与英属圭亚那七处租借合约的格式，每一格式首先引述上面的换文以及协定序言的一部分，说明租借合约的根据，然后随附一个说明租借地区坐落和界址的附表，内容从略。——编者）

……

附件三

（本附件包括关于百慕大、牙买加、圣露西亚、安底古亚、特里尼达与英属圭亚那六处租借地区的特别规定。内容涉及细节问题，故从略。——编者）

……

第二号　丘吉尔致威南特的照会

（1941 年 3 月 27 日于伦敦）

阁下：

1. 我荣幸地通知阁下，本日签订关于租借基地的协定时，大不列颠和北爱尔兰联合王国政府的意图是当纽芬兰回复到 1934 年 2 月 16 日以前它所具有的宪法上地位时，上述协定内凡适用于纽芬兰的规定中任何部分出现的“联合王国政府”字样，就纽芬兰而言，应认为是指纽芬兰的政府，协定就应如此解释。

2. 如合众国政府同意上述解释，我建议本照会同阁下对上述解释的复照应视为将缔约两国政府就这一问题的谅解载入记录。

我谨……

温斯顿·斯·丘吉尔

第三号　威南特致丘吉尔的照会

（1941年3月27日于伦敦）

阁下：

我荣幸地承认收到阁下本日来文，其内容如下：

……

（内容见前）

2. 在答复时，我荣幸地通知阁下合众国政府接受阁下来文内载关于本日签订的租借基地协定的解释，并依照来文所述建议，阁下来照同这一复照将视为缔约两国政府就这一问题的谅解，载入记录。

我谨……

约翰·格·威南特

第四号　威南特先生致丘吉尔先生照会

（1941 年 3 月 27 日于伦敦）

阁下：

我荣幸地通知阁下，关于贵我两国政府本日签订的租借基地协定第十六条，我的政府同意下述谅解：

（1）合众国各邮政局之间来往的邮件，除合众国外，不受任何检查。

（2）关于在租借地区内任何合众国邮政局的设立，合众国将在英国参战期间，为了检查进出租借地区的一切非公务邮件，作出行政安排。

（3）此项邮政局的使用将严格地限于根据第十六条有权使用它们的人，投入此项邮政局的邮件经合众国检查员发现为来自无权使用的人，如有必要，应送交属地的当局检查。

（4）如合众国参战而英国守中立时，英国政府应保证对进出租借地区所在属地的邮件采取类似程序，以保障合众国在租借地区内的利益。

（5）合众国当局与英国当局应协同防止租借地区内或租借地区所在的属地内各自的邮件被用于损害对方的安全。

（6）在任何情况下，任何一方政府的公务邮件不受对方检查。

2. 如阁下的政府同意此项谅解，我建议本照会同你对上述谅解的复照应视为谅解载入记录。

我谨……

约翰·格·威南特

第五号　丘吉尔先生致威南特先生

（1941 年 3 月 27 日于伦敦）

阁下：

我荣幸地承认收到阁下本日关于邮件检查的来文，其内容如下：（内容见前）

……

2. 在答复时，我荣幸地通知阁下，大不列颠和北爱尔兰联合王国政府同意此项谅解，并依照阁下的建议，阁下来照同这一复照将视为两国政府对这问题的谅解载入记录。

我谨……

温斯登·斯·丘吉尔

第六号　议定书

（1941 年 3 月 27 日订于伦敦）

下面签字的加拿大政府、大不列颠和北爱尔兰联合王国政府及美利坚合众国政府的全权代表经各该政府授权，为了澄清本日签订关于基地租借给合众国的协定中所发生有关纽芬兰防御的某些问题，制定并签立下列议定书：

（一）兹承认纽芬兰的防御是加拿大防御计划的组成部分，因此是加拿大政府特别关心的问题，该政府已对此项防御承担了某些责任。

（二）为此兹经同意，在根据1941年3月27日关于使用和管理合众国基地的协定而就纽芬兰行使一切权力或采取一切行动时，应充分尊重加拿大在防御方面的利益。

（三）本协定的任何规定不得影响合众国政府与加拿大政府根据合众国与加拿大常设联合防御委员会向该两政府提出的建议而就纽芬兰的防御业已成立的协议。

（四）兹并经同意在根据协定第一条第四款、第二条及第十一条第五款，或涉及防御问题的任何其他条款而举行任何协商时，加拿大政府以及纽芬兰政府将有权参加。

1941年3月27日订立于伦敦，共三份。

加拿大政府代表

文森·麦赛

尔·维·茂来

尔·勃·皮尔逊

大不列颠和北爱尔兰联合王国政府代表

温斯顿·斯·丘吉尔

克兰·庞纳

摩埃纳

美利坚合众国政府代表

约翰·格·威南特

却尔斯·法海

哈莱·及·麦隆纳

哈罗尔·皮赛麦艾

5.《美利坚合众国和冰岛有关合众国军队防御冰岛的换文》

美国通过此条约，彻底地代替英国接管了对冰岛的保护，将自己的战略触角伸到了北大西洋的深处。

美利坚合众国和冰岛有关合众国军队防御冰岛的换文[①]

（1941 年 7 月 1 日互换，同日生效）

一

冰岛总理致合众国总统文

在 6 月 24 日的谈话中英国公使解释说英国驻在冰岛的军队需调他处。同时，他强调冰岛的适当防御的无限重要性。他又提醒我注意合众国总统的宣言，该宣言大意说他必须采取一切必要的措施，以保证西半球的安全——总统的措施之一是协助冰岛的防御——因此总统准备立刻派遣合众国部队到这里以补充并最后代替这里的英国部队。但是他不认为，他能采取这种行动，除非得到冰岛政府的邀请。

冰岛政府仔细考虑这一切情况以后，鉴于目前形势，承认该措施是符合冰岛利益的，因此准备按照下列条件将冰岛的保护委托合众国。

① 《国际条约集（1934—1944）》，世界知识出版社 1961 年版，第 327—330 页。

1. 合众国约定在现时战争结束时立刻撤退所有他们的陆、空、海军队。

2. 合众国进一步约定承认冰岛的绝对独立和主权并约定和在现时战争结束时将进行谈判和约的那些国家一起尽最大的努力使这个和约也承认冰岛的绝对独立和主权。

3. 合众国约定不管他们军队驻扎在这个国家的时候或在以后都不干涉冰岛政府。

4. 合众国政府答应组织这个国家的防御以期保证居民本身的极大可能的安全并保证他们在军事活动中遭受极小限度的骚扰；这些军事活动都在尽可能的范围内与冰岛当局协商后执行。另外，由于冰岛人口少又有大批军队来临对国家所引起的危险，必须大加注意只派遣最精选的部队到这里。军事当局也应令其时刻记着冰岛人几世纪以来没有武装过，他们对于军事纪律是完全不习惯的，关于部队对本国居民的举止应切实予以指示。

5. 合众国承担本国防务不需冰岛的开支，并对于由于他们的军事活动对居民引起的一切损失答应赔偿。

6. 合众国答应用力所能及的各种方法促进冰岛的利益，包括供应该国足够的必需品，保证必需的航运往来，以及在其他方面与本国签订优惠的商业和贸易协定。

7. 冰岛政府希望总统所作有关这方面的宣言将符合冰岛所提的这些原则并在公布以前如有机会对上述宣言的辞句有所了解，本政府非常感激。

8. 冰岛方面认为这是明确的：假如美利坚合众国承担该

国防务，则防务必须坚强，足以对付每一不测事件并且特别在开始时希望在可能范围内作出努力以防止换防时发生任何特殊危险。冰岛政府特别强调凡在需要的地方须有为防御用途的足够数量的飞机，这些飞机一经合众国政府决定承担该国防御后就可使用。

此项决定是由冰岛作为一个绝对自由和主权国家作出并且认为合众国从开始就承认该国的法律地位，两国立即交换外交代表，是一件当然的事。

二

美利坚合众国总统 1941 年 7 月 1 日答复冰岛总理文

我已接到你的来文，内称：冰岛政府经过仔细考虑这一切情况以后，鉴于目前形势承认合众国派遣部队去冰岛以补充和最后代替目前英国军队是符合冰岛利益的，因此冰岛政府准备按照以下条件将冰岛的保护委托美利坚合众国。

（见文一）

你进一步说明此项决定是由冰岛作为一个绝对自由和主权国家作出，并且美利坚合众国从开始就承认该国的法律地位，两国立即交换外交代表是一件当然的事。

我愉快地向你确认你的来文中所提出的条件对美利坚合众国完全可以接受，并且这些条件在美冰两国关系中将予以遵守。此外，请求国会同意以便两国可以交换外交代表，这对我来说是一件愉快的事。

同西半球其他国家联合一起，承担反抗任何侵略的企图，借以保卫新世界，这是合众国迭经宣布的政策。本国政府认为，如冰岛一旦被一个强国占领，而这个强国具有很明显征服世界的计划，包括统治新世界各国人民，这将立刻直接威胁到整个西半球的安全，因此冰岛的完整和独立应予保持，这是非常重要的。

由于上述原因，为了响应你的来文，美利坚合众国政府将立即派遣军队去补充和最后代替那里的英国部队。

合众国政府在采取这种步骤时，充分承认到冰岛的独立和主权并对美国派往冰岛的海陆军丝毫不干涉冰岛人民的内政方面有了明确的谅解，并且在目前国际紧张局势一旦结束，所有这些海军或陆军将立即撤出，让冰岛人民和他们的政府完全有主权地控制他们自己领土方面，也有了进一步的谅解。

冰岛人民在世界上民主各国之间保有自豪的地位，具有一千年以上的自由和个人自由的历史传统。因此，合众国政府为了响应你的来文在采取维护新世界民主国家的独立和安全的防御措施时，同时在防御冰岛富有历史性的民主方面，也有与你的政府进行这样合作的荣誉，这是非常合适的。

我将此文转达西半球的所有其他各国政府。

6.《大西洋宪章》

《大西洋宪章》标志着英、美两国在反法西斯基础上的政治联盟，也是后来联合国宪章的基础。美国作为一个尚未参战的国家，与英国一起发表如此明确的声明，对德、意、日法西斯国家是个沉重的打击。同时，“机会均等”“海上自由”等内容有利于美国战后与英国争夺势力范围，取得世界“领导地位”。

大西洋宪章[①]

（1941 年 8 月 14 日）

美利坚合众国总统罗斯福和联合王国国王陛下政府代表首相丘吉尔经过会晤，认为他们两国国策中某些共同原则应该予以宣布。他们对于世界所抱有的一个美好未来局面的希望是以此项政策为根据。

（一）两国并不追求领土或其他方面的扩张。

（二）凡未经有关民族自由意志所同意的领土改变，两国不愿其实现。

（三）尊重各民族自由选择其所赖以生存的政府形式的权利。各民族中的主权和自治权有横遭剥夺者，两国俱欲设法予以恢复。

（四）两国在尊重它们的现有义务的同时，力使一切国家，不论大小、胜败，对于为了它们的经济繁荣所必需的世界贸易及原料的取得俱享受平等待遇。

（五）两国愿意促成一切国家在经济方面最全面的合作，以便向大家保证改进劳动标准、经济进步与社会安全。

（六）待纳粹暴政被彻底毁灭后，两国希望可以重建和平，使各国俱能在其疆土以内安居乐业，并使全世界所有人类悉有自由生活，无所恐惧，亦不虞匮乏的保证。

---

① 《国际条约集（1934—1944）》，世界知识出版社 1961 年版，第 337—338 页。

（七）这样一个自由，应使一切人类可以横渡公海大洋，不受阻碍。

（八）两国相信世界所有各国，无论为实际上或精神上的原因，必须放弃使用武力。倘国际间仍有国家继续使用陆海空军军备，致在边境以外实施侵略威胁，或有此可能，则未来和平势难保持。两国相信，在广泛而永久的普遍安全制度未建立之前，此等国家军备的解除实属必要。同时，两国当赞助与鼓励其他一切实际可行的措施，以减轻爱好和平人民对于军备的沉重负担。

弗兰克林·罗斯福

温斯顿·斯·丘吉尔

7.《联合国家宣言》

1942年1月1日，中、美、英、苏等26国代表在华盛顿发表了《联合国家宣言》，表示支持《大西洋宪章》，并首次使用“联合国”一词作为同德、意、日法西斯“轴心国”作战的各国的总称。

联合国家宣言[①]

（1942 年 1 月 1 日于华盛顿）

美利坚合众国、大不列颠和北爱尔兰联合王国、苏维埃社会主义共和国联盟、中国、澳大利亚、比利时、加拿大、哥斯达黎加、古巴、捷克斯洛伐克、多米尼加共和国、萨尔瓦多、希腊、危地马拉、海地、洪都拉斯、印度、卢森堡、荷兰、新西兰、尼加拉瓜、挪威、巴拿马、波兰、南非联邦、南斯拉夫各国的联合宣言。

本宣言签字国政府，对于 1941 年 8 月 14 日美利坚合众国总统与大不列颠和北爱尔兰联合王国首相所作联合宣言称为大西洋宪章内所载宗旨与原则的共同方案业已表示赞同。深信完全战胜它们的敌国对于保卫生命、自由、独立和宗教自由并对于保全其本国和其他各国的人权和正义非常重要。同时，它们现在正对力图征服世界的野蛮和残暴的力量从事共同的斗争，兹宣告：

（一）每一政府各自保证对与各该政府作战的三国同盟成员国及其附从者使用其全部资源，不论军事的或经济的。

（二）每一政府各自保证与本宣言签字国政府合作，并不与敌人缔结单独停战协定或和约。

现在或可能将在战胜希特勒主义的斗争中给予物质上援助和贡献的其他国家得加入上述宣言。

---

① 《国际条约集（1934—1944）》，世界知识出版社 1961 年版，第 342—344 页。

1942年1月1日签字于华盛顿。

美利坚合众国：弗兰克林·特·罗斯福

大不列颠和北爱尔兰联合王国：温斯顿·斯·丘吉尔

代表苏维埃社会主义共和国联盟政府：麦克辛·李维诺夫大使

中华民国国民政府：宋子文

澳大利亚联邦：勒·格·凯西

比利时王国：勒·佛·斯特拉顿

加拿大：莱顿·麦卡赛

哥斯达黎加共和国：路易斯·费南台

古巴共和国：奥雷利屋·康吉索

捷克斯洛伐克共和国：佛·斯·赫尔朋

多米尼加共和国：杰·姆·脱朗可索

萨尔瓦多共和国：西·阿·阿尔发罗

希腊王国：西蒙·格·台蒙托博洛斯

危地马拉共和国：恩立克·罗贝斯—埃拉脱

海地共和国：费南特·丹尼斯

洪都拉斯共和国：裘林·勒·撒赛莱

印度：格尔佳·向卡尔·巴杰拜

卢森堡大公国：休格·莱·茄莱

荷兰王国：阿·罗顿

代表新西兰自治领政府签字：富兰克·蓝斯东

尼加拉瓜共和国：里昂·台·贝勒

挪威王国：维·蒙台·摩根斯顿

巴拿马共和国：琴恩·瓜地亚

波兰共和国：琴·西强诺斯基

南非联邦：劳尔夫·维·克洛斯

南斯拉夫王国：康士坦丁·阿·福蒂契

8.《大不列颠和北爱尔兰联合王国政府与美利坚合众国政府关于在进行反侵略战争中相互援助所适用原则的协定》

《联合王国政府与美利坚合众国政府关于在进行反侵略战争中相互援助所适用原则的协定》，简称《英美协定》。该协定确认美国继续执行《租借法案》，细化了美国对英国援助的原则，并确定了美国的各种权益与地位，为其战后建立世界霸权铺平了道路。

大不列颠和北爱尔兰联合王国政府与美利坚合众国政府关于在进行反侵略战争中相互援助所适用原则的协定[①]

（1942年2月23日订于华盛顿，同日生效）

鉴于大不列颠和北爱尔兰联合王国政府与美利坚合众国政府声明它们正同具有同样意念的每一其他国家或人民进行着一项合作的事业，其目的是奠定一个公正和持久的世界和平的基础，为它们自己和一切国家在法律之下巩固秩序；

① 《国际条约集（1934—1944）》，世界知识出版社1961年版，第347—350页。

并鉴于美利坚合众国总统根据1941年3月11日国会法案业已确定保卫联合王国不受侵略对于保卫美利坚合众国是极端重要的；

并鉴于美利坚合众国已给予、并在继续给予联合王国援助，以抵抗侵略；

并鉴于联合王国政府接受此项援助的条件以及作为答还，美利坚合众国因此获得的利益，其最后确定应予推迟方为有利，直至防御援助范围可以明确，并直至事态的进展能使上述最后条件和利益比较清楚为止，这对联合王国与美利坚合众国有共同利益，并将促进世界和平的建立与维持；

并鉴于联合王国政府与美利坚合众国政府彼此愿意现在就防御援助的提供并就确定此项条件时应予估计的某些考虑来缔结一个初步协定，对于成立此项协定业已在一切方面得到正式的授权，一切按照联合王国或美利坚合众国的法律所认为在成立此项协定以前必需履行、完成或执行的行为、条件和手续业已依照规定予以履行、完成或执行。

为此目的，下面签署人经各自本国政府正式授权议定如下：

第一条

美利坚合众国政府将继续以总统所准许移交或提供的防御物品、防御服务以及防御情报供应联合王国政府。

第二条

联合王国政府将继续对美利坚合众国的防御及其加强作出贡献，并将尽其力所能及提供一切物品、服务、设备或情报。

第三条

联合王国政府未经美利坚合众国总统的同意，对于根据

1941 年 3 月 11 日美利坚合众国国会法案移交给它的任何防御物品或防御情报，不得转让所有权或占有权，或者准许非联合王国政府官员、雇员或代理人的任何人使用。

第四条

如果由于将任何防御物品或防御情报移交给联合王国政府的结果，使该政府为了充分保护一个对任何此种防御物品或情报拥有专利权的美利坚合众国公民的任何权利而有必要采取任何行动或支付任何款项时，联合王国政府在接到美利坚合众国总统的请求时，将采取此种行动或支付此种款项。

第五条

联合王国政府将于目前紧急状态经美利坚合众国总统确定为结束时，把根据协定移交而尚未破坏、散失或消耗的防御物品并经总统确定为对美利坚合众国或西半球的防御有用者或在其他情况下对美利坚合众国有用者，归还于美利坚合众国。

第六条

在最后确定联合王国政府向美利坚合众国所应提供的利益时，对于联合王国政府在 1941 年 3 月 11 日以后提供并经总统代表美利坚合众国接受与承认的一切财产、服务、情报、设备或其他利益或代价，应给予充分估计。

第七条

在最后确定联合王国政府为答还根据 1941 年 3 月 11 日国会法案所给予援助而将向美利坚合众国提供的利益时，其条件应该是不使两国间商业受到负担，而应促进双方互利的经济关系和世界范围内经济关系的改善。为此目的，上述条件应包含关于美利坚合众国与联合王国采取协议行动的规定，使具有同样意念的一切其他国家亦得参加，此项规定，通过适当的国际或国内措施，导向生产、就业以及商品交换和消费的扩大，作为一切人民自由与福利的物质基础，导向国际商业中一切歧视待遇形式的消除以及税则和其他贸易障碍的降低，并一般地指向达到1941年8月14日美利坚合众国总统与联合王国首相联合声明内所列举的经济目标。

两国政府应从早开始谈判，以便在目前经济条件下可以确定通过自己协议的行动来达到上述目标，以及争取其他具有同样意念的政府采取协议行动的最好方法。

第八条

本协定应自本日起生效，并应继续有效，直至两国政府所协议之日为止。

1942年2月23日在华盛顿签字盖章，一式两份。

大不列颠和北爱尔兰联合王国政府代表：

英王陛下驻华盛顿特命全权大使

哈里法克斯

美利坚合众国政府代表：

美利坚合众国代理国务卿

塞姆纳·威尔斯

第二次世界大战的爆发，为美国攫取最大的利益提供了历史机遇。《大西洋宪章》与《联合国家宣言》的签订，事实上结束了美国的孤立主义，一系列条约的签订为战后美国建立世界霸主地位奠定了基础。

9.《北大西洋公约》与一系列安全条约对美国世界霸权的确立

1949年4月4日，美国与加拿大、英国、法国、比利时、荷兰、卢森堡、丹麦、挪威、冰岛、葡萄牙、意大利共12国在华盛顿签订了《北大西洋公约》，标志着“北约”正式成立。

虽然第二次世界大战已经结束，但是作为主战场之一的欧洲受到的伤害最深，不仅工农业受到极大创伤，而且为了购买武器及其他物资，使得大量财富流向美国；可以毫不夸张地说，欧洲苦心积累数百年的财富，在经历第一次世界大战和第二次世界大战后，几乎全部消耗光了。

而美国则趁势做大做强，战后获得了世界霸权。为了更好地遏制苏联、控制欧洲，美国以资金、贸易和低成本“保护”等措施，联合欧洲成立“北约”，实现在欧洲合法驻军，并拥有战时对欧洲军队的军事指挥权。至此，美国将欧洲打造成其霸权利益的“基本面”，牢牢控制欧洲至今。

北大西洋公约[①]

（1949年4月4日订于华盛顿）

本公约各缔约国重申其对于联合国宪章宗旨与原则所具之信念，及其对于一切民族与一切政府和平相处之愿望。

他们决心保障基于民主、个人自由及法治原则的各该国人

① 《国际条约集（1948—1949）》，世界知识出版社1959年版，第191—195页。

民之自由、共同传统及文明，愿意促进北大西洋区域之安全与幸福。

他们决定联合一切力量，进行集体防御及维持和平与安全。

因此同意此项北大西洋公约：

第一条

各缔约国保证依联合国宪章之规定，以和平方法解决任何有关各该国之国际争端，其方式在使国际之和平与安全及公理不致遭受危害，并在其国际关系中避免采用不合联合国宗旨之武力威胁或使用武力。

第二条

缔约国应加强其自由制度，实现对于此种制度所基之原则的较好了解，促进安全与幸福之条件，以推进和平与友善之国际关系向前发展。缔约国应消除其国际经济政策中之冲突，并鼓励任何缔约国或所有缔约国之间的经济合作。

第三条

为更有效地达成本条约之目标，各缔约国的个别或集体以不断的而有效的自助及互助方法，维持并发展其单独及集体抵抗武装攻击之能力。

第四条

无论何时任何一缔约国认为缔约国中任何一国领土之完整、政治独立或安全遭受威胁，各缔约国应共同协商。

第五条

各缔约国同意对于欧洲或北美之一个或数个缔约国之武装

攻击，应视为对缔约国全体之攻击。因此，缔约国同意如此种武装攻击发生，每一缔约国按照《联合国宪章》第五十一条所承认之单独或集体自卫权利之行使，应单独并会同其他缔约国采取视为必要之行动，包括武力之使用，协助被攻击之一国或数国以恢复并维持北大西洋区域之安全。此等武装攻击及因此而采取之一切措施，均应立即呈报联合国安全理事会，在安全理事会采取恢复并维持国际和平及安全之必要措施时，此项措施应即终止。

第六条

第五条所述对于一个或数个缔约国之武装攻击，包括对于欧洲或北美任何一缔约国之领土、法国之阿尔及利亚、欧洲任何缔约国之占领军队、北大西洋区域回归线以北任何缔约国所辖岛屿，以及该区域内任何缔约国之船舶或飞机之武装攻击在内。

第七条

本公约并不影响、亦不得被解释为在任何方面对于身为联合国会员国之缔约国在《联合国宪章》下之权利与义务，以及安全理事会对于维持国际和平及安全之基本责任有所影响。

第八条

每一缔约国声明该国与任何其他缔约国或与任何第三国家间目前有效之国际协定，并不与本公约中之规定相抵触，同时并保证决不缔结与本公约相抵触之任何国际协定。

第九条

缔约各国应各派代表组织一理事会，以考虑有关实施本公约之事宜。理事会之组织，须能使其能随时迅速集会。理事会应设立必要之附属机构，尤其应立即设立一防务委员会，该委员会应对本公约第三条与第五条之实施提供建议。

第十条

欧洲任何其他国家，凡能发扬本公约原则，并对北大西洋区域安全有所贡献者，经缔约各国之一致同意，得邀请其加入本公约。被邀请国家一经将其加入文件交存美国政府，即可成为本公约之一缔约国。美国政府应将此种加入文件之收存情形，通知各缔约国。

第十一条

本公约须由各缔约国依照其本国之宪法程序予以批准，并履行条约中之一切规定，批准书须尽速交存美国政府，由美国政府将收存之批准书通知其他各缔约国。过半数缔约国家包括比利时、加拿大、法国、卢森堡、荷兰、英国及美国已交存其批准书以后，本公约在此等国家之间应即生效，对其他国家，则应自交存批准书之日起生效。

第十二条

在本公约生效十年，或十年以后，无论何时如经任何一缔约国之请求，各缔约国须共同协商以重新检查本公约，并注意当时影响北大西洋区域和平与安全之因素，包括在联合国宪章中对于维持国际和平与安全之世界性及区域性办法之发展。

第十三条

在本公约生效二十年后，任何缔约国在通知美国政府废止本条约一年以后，得停止为本公约之缔约国，美国政府对于此种废止通知之交存，应即转告其他缔约国。

第十四条

本公约之英文与法文本，具有同等效力，共正本将存于美国政府之档案中，由该政府将认证之副本送交其他缔约国政府。

下列全权代表在本公约上签字以资证明。

1949 年 4 月 4 日订于华盛顿。

比利时王国代表　斯巴克

加拿大代表　皮尔逊

丹麦王国代表　古斯达夫·拉斯默逊

法国代表　舒曼

冰岛代表　本尼迪特逊

意大利代表　斯福尔查

卢森堡大公国代表　贝赫

荷兰王国代表　斯蒂克尔

挪威王国代表　哈·姆·朗吉

葡萄牙代表　约瑟·凯洛·塔·马达

大不列颠和北爱尔兰联合王国代表　贝文

美利坚合众国代表　艾奇逊

在《北大西洋公约》之后，美国又签订了《美日安全条约》《美菲共同防御条约》《美澳新安全条约》等一系列条约，进一步控制西太平洋和大洋洲。至此，美国彻底取代英国成为世界霸主，建立了为美国霸权服务的新的世界秩序，并逐步建立了为其金融霸权服务的世界金融秩序，完成了“发家史”。

美国的崛起、英国的衰落、德法俄等国对世界霸权挑战的失败，都是西方战略思想指导的必然，西方扩张式文化思维导向，必然会使西方世界的格局继续深化演变下去。可以这样说，西方的文明史就是一部“霸权争夺史”，正是“文化思维决定历史特点”这句话的真实写照。

第五章

中国优秀传统文化思维下的海洋战略新理念

纵观世界历史发展，文字、文化与历史没有出现断代的只有中国，从有文字记载以来，中华民族展现了强大的生命力与兼容并蓄的能力，这是我们中国立于世界的基础。正是这种文化与历史底蕴，五千年后的今天，中国仍是山河广袤、人口众多、资源丰富、文化深厚、民族向心力强的国家。

一、大运河历史凝练的精神文化内涵

“长城与运河就是中华民族精神的象征。”[①] “如果说，长城是中华民族凛然不屈的精神象征，那么大运河则体现出我们这个民族改造自然、利用自然的伟大智慧和创造精神。”[②]

大运河是世界上里程最长、工程最多、修建难度最大且仍在使用的运河，是中国古代劳动人民的伟大壮举，是中华文明发展的象征。大运河贯通了中国南北，促进了南北经济文化的

① 蒋百里：《国防论》，岳麓书社 2010 年版。

② 倪玉平、邹逸麟：《中国运河志 · 通运》，江苏凤凰科学技术出版社 2019 年版。

交流，也通过陆上丝绸之路和海上丝绸之路加强了中外经济文化的交往。2017 年 6 月，习近平总书记对建设大运河文化带作出重要指示："大运河是祖先留给我们的宝贵遗产，是流动的文化，要统筹保护好、传承好、利用好。"

> 生生不息的思想活力和与时俱进的创新精神，是中国传统文化的本质特征，也是中华文化历经数千年而不曾中断、不曾湮灭，历久弥新的根本原因。运河文化生动地诠释了中华优秀文化传统的神采与实质。运河是古老的，同时又永远是年轻的，它不停地流淌着、发展着、前进着。逝者如斯，不舍昼夜；流水不腐，万物同理。中华民族优秀传统文化中的传统与创新浑然一体，形成一种既守正不移，又勇于更新的生命活力。[①]

大运河历史凝练的文化，是指大运河数千年历史中在推动南北融合、东西交汇、中外交流过程中逐步凝练、升华形成的文化精髓和价值观念。[②] 兼容并蓄、海纳百川的开放精神既是大运河文化最重要的内涵，也是中国传统文化思维的真实体现。

二、中国海洋文化助力"21 世纪海上丝绸之路"建设

共建"21 世纪海上丝绸之路"，是 2013 年 10 月习近平总

---

① 倪玉平、邹逸麟：《中国运河志·通运》，江苏凤凰科学技术出版社 2019 年版。

② 姚冠新、黄杰：《充分挖掘大运河历史凝练的精神文化》，载《新华日报》2019 年 10 月 15 日。

书记访问东盟时提出的重大倡议，得到国际社会高度关注。

“21 世纪海上丝绸之路”建设秉承共商、共享、共建原则，以点带线，以线带面，增进周边国家和地区的交往，串起连通东盟、南亚、西亚、北非、欧洲等各大经济板块的市场链，发展面向南海、太平洋和印度洋的战略合作经济带，以亚欧非经济贸易一体化为发展的长期目标。

文化的交流与融合，是中国与海上丝绸之路沿线国家首先能够达成的共识；其次才是经济共识、战略共识与政治共识。我国需要发挥我们深厚的历史渊源和人文基础，凝练出我国历史上发展海上丝路的核心文化内涵与价值理念，从而达到从历史深处走来，融通古今、连接中外，进而站在新的历史起点，顺应和平、发展、合作、共赢的时代潮流，让文化为国家战略服务，为建设“21 世纪海上丝绸之路”助力。

在新时期“21 世纪海上丝绸之路”倡议提出以后，中国海洋文化又有了新的内涵，开放合作、和谐包容、互联互通等丝路精神，增进了沿途各国人民、各文化圈民众的人文交流与文明互鉴，让各国人民相逢相知、互信互敬，共享和谐、安宁、富裕的生活。

以文化自信提升海洋经略能力，是民心相通的范式创新，以“文化公共产品”为主要路径，主动分享中国发展红利，惠及海上丝绸之路沿线国家“和平合作、开放包容、互学互鉴、互利共赢”。

和谐包容、创新进取是我们五千年文明历史的智慧结晶，从当代中国海洋文化的特性中可以反观我们的民族性格与民族精神，[①] “21 世纪海上丝绸之路”重大倡议是这种精神的象征。

三、中国文化倡导的海洋发展新理念

西方文化那种霸权逻辑思维需要中国文化的救赎和滋养，从中寻找到消融霸权逻辑的光明方向与路径，21 世纪是中国文化努力参与到世界治理之中的最佳机遇期。

中国倡导包容性海洋新秩序，“21 世纪海上丝绸之路”重大倡议是和平贸易秩序的典型代表，中国一直秉承共存、共荣、务实和包容的传统，以和而不同、多元共生的命运共同体的理念去推进世界治理，这是由中国文化的内涵所决定的。

结合当前我国建设“21 世纪海上丝绸之路的愿景与行动”，充分调动沿线国家参与的主动性和积极性，增进中国与海上丝绸之路沿线国家的政治与经济互信互惠，打造区域特色，构建和平稳定的周边环境，深化协同合作，利益共享，合作共赢，这也是中国倡导的海洋法治与海洋发展新理念。

中国与周边区域贸易合作紧密，与“21 世纪海上丝绸之路”沿线国家贸易额遥遥领先于其他国家或地区。据 2016 年统计的“一带一路”沿线国家贸易合作排名，与中国双边贸易排名前十位的分别是：越南、泰国、菲律宾、马来西亚、俄罗斯、印度尼西亚、新加坡、沙特阿拉伯、伊朗和印度。其

---

① 郑剑玲：《当代中国海洋文化发展力与 21 世纪海上丝绸之路建设》，载《创新》2017 年第 4 期。

中，仅中国与东南亚国家间的贸易额就占中国与“一带一路”沿线国家贸易总额的近一半（47.76%），达 4554.36 亿美元。[1] 从这些数据可以直观地看出中国“一带一路”重大倡议得到了沿线大多数国家的积极响应，正是对中国这种不同于霸权思维新理念的认同所致。

中国所倡导的海洋新秩序与海洋法治与海洋发展等新理念，符合中国优秀传统文化思维下的兼容并包、共创共建、利益共享、合作共赢的思想内涵，拥有顽强的生命力。

四、海之腾

最后，笔者再结合战略理论说一说“海上人民路线”问题。保障海洋权益，最重要的就是海权意识要有广泛的群众基础。我们要想办法让我们的国家、国民都关注海洋，让海洋意识、海权思维有广泛的群众基础，让我们的海洋意识沸腾起来，让我们的海洋权益沸腾起来，笔者称之为“海之腾”。

海权的发展要符合“战略与经济关系”的定律，那就是“战略与经济一致则强，相离则弱，相反则亡”，国家的海洋战略与实施一定要做到与经济腾飞相协调；与之相对应，强大的海权力量也会积极促进国家经济更快更好发展。战略与经济相辅相成、相互促进的关系，定要让经济力转化为战斗力；同时，又要让国家和国民广泛获利于海洋。

---

① 国家信息中心“一带一路”大数据中心：《“一带一路”大数据报告（2017）》，商务印书馆 2017 年版，第 65 页。

否则，空有经济力，而缺乏战斗力，经济的可持续发展终究是空谈；而国家一直高额投资于海洋，却无法从海洋获得巨大的利益，那么，这样的发展也终归是昙花一现，不可持久，即使拥有了强大战斗力，也终会因为后劲不足而导致经济力与战斗力双双损失。这就是说，既要加强海权建设，不遗余力，又需要重点考虑如何“以海养海”和“海权可持续性发展”的问题。所以，笔者强调“双持久的问题”，经济力保证战斗力的持久，战斗力保证经济力的获利，从而相互促进，源远流长。

让海洋观念、海权思维有广泛的群众基础，促进国家、国民关注海洋，让国家海洋战略与国民的实际利益联系起来，让国民充分认识到海洋能够给我们带来丰厚的财富和战略安全，让国民充分认识到海洋主导权能带来的好处，引导国民踊跃去海上拓展，以海生利，以海养海，则我国的海权自然强劲，也自然持久。

“海之腾”，也可以理解为“海上人民斗争路线”。具体来说就是加强社会民间海洋力量的发展，引导民众广泛参与海洋事务，其范围涵盖海上贸易运输、资本输出、域内并购、投资建厂、基础设施、渔业开发、岛屿建设、资源开采、环境保护、旅游业，等等。全方位地引导人民投资于海洋，投身于海洋，获利于海洋。

在此，笔者特别提一下，航海从业人员本身就是中国海洋力量的重要组成部分，这在马汉“海权论”中就已经定义了的，将商船队和海员提高到了与海军同等重要的地位。

美国前总统奥巴马在 2015 年的美国航海节公开致辞中，这样赞扬有 200 多年历史的美国商船海员：

> 我们国家永远感激亏欠那些英勇的民兵船/海员（英国叫私掠船），他们冒着生命危险无畏地向我们的革命武装供应枪支和弹药，帮助我们赢得独立。纵观历史，他们的优良传统已被美国商船船队忠诚为国而无所畏惧的海员们继续发扬光大……这些英勇的好汉们在 1812 年战争中展现在英国舰队攻击面前；在第二次世界大战中航行于生死危险水域，增强了盟军力量。今天，同样拥有这种精神的爱国者们，继续随时准备保护我们的海洋和这些水域支持下的生活。①

奥巴马这段致辞，很好地解答了商船队船员对一个国家海权的巨大贡献，我们要真正地支持他们，服务于他们，虽然他们那么默默无闻，但是他们却是代表着国家海权力量的一部分。

笔者认为，文化与历史同样也是海洋人民路线的重要组成部分。一个大国崛起需要系统的文化准备，才能同时赢得国内和国际的认同，并为经济和社会的良性发展以及现代国家治理体系的完善夯实基础，消除大国崛起路途上的各种隐患。

同时，我们还应该大力加强史地教育。笔者认为，加强自己国民的史地教育，只有真正建立了中华民族的自豪感与责任感，才能最大的爆发战斗力，中国文化之辐射才能由内而外的

① 引自 https：//m. ycseaman. com/bencandy. php？fid =90&id =34391。

真正强大。笔者认为，中国的思维是重经验，重感觉，更进一步说，是重视“悟”字。以军事论，中国的战法讲究变化多端，讲究出其不意，讲究“智”与“勇”的完美结合。不像西学，重数据，重计算，重所谓的规律。所以，对西学不能盲目迷信，对中国思维及文化不能没有自信，我们要把我们好的东西继承下来，并传承下去。

所以说，我们一定要依托历史与文化的影响力，让海洋战略、海权思维有广泛的群众基础，让“海之腾”成为现实。

英国用庞大的海外殖民地建立了一个日不落帝国，其崛起、繁荣是建立在对殖民地人民的剥削和殖民地人民的苦难之上的。日不落的真理就在大炮射程之内，其通过武力手段，把欠发达国家变成自己的殖民地，并将殖民地改造成了其原料产地和海外市场，以此原则建立起一个国际贸易体系。“本土与海外领地海上贸易网络”，“强大的海军”相辅相成发展，相互支持，相互促进构建起了日不落帝国强大的、富有“生命力”的海权，也构建起了日不落帝国这个庞大的殖民帝国。英国用“殖民”的方式成为了世界领袖。

反观美国，其通过意识形态，价值观和强大影响力推行全球霸权，进而实现对世界的领导。比起英国的直接武装占领，美国的霸权手段只是表面上的文明与进步，其本质依然是控制他国，以为本国利益服务。美国以在两次世界大战中积累的政治资本主导建立了世界安全机制——联合国；建立了以美元为主导的国际货币体系；建立了以世贸组织为基础的国际贸易体系。美国以海外军事基地为节点，从而建立起了美国全球霸权，发展到21世纪，其以“自由、民主”为旗帜，以颜色革命为手段，以经济、军事实力为后盾，对影响其霸权发展壮大的一些所谓“流氓国家”，实则是不买美国账的国家进行打击、渗透、分化，进而巩固其走向没落的霸权。

而当今中国要走的崛起道路，不同于美国的霸权道路，更不同于英国的殖民道路，是新型的、符合时代潮流的合作共赢模式。其与霸权、殖民的本质区别在于，其目的是利益共享，发展共赢，而不只是为了本身的发展、本身的利益。美国不惜牺牲他国利益而壮大自己的全球霸权，恨不得全世界都为美利坚的利益而“奋斗”，而这种模式已经渐渐被历史所淘汰和摒弃，如当年的殖民主义一样，逐步走向衰亡。

反对霸权，和而不同，是中国对这个世界的设计和追求。而且多元化、协作化才是世界大势所趋，所谓世界潮流、浩浩荡荡，顺之者昌，逆之者亡。让我们共同了解海洋、关心海洋，建设和弘扬海洋文化，让海洋更好地造福人类。

参考文献

[1] 刘洋、牛佳宁：《历史视角下国家战略理论创新研究》，载《大连海事大学学报（社会科学版）》2017 年第 2 期。

[2] [德] 克劳塞维茨：《战争论》，中国人民解放军军事科学院译，解放军出版社 2005 年版。

[3] [英] 李德·哈特：《战略论：间接路线》，钮先钟译，上海人民出版社 2010 年版。

[4] 蒋百里、刘邦骥：《孙子浅说》，武汉出版社 2011 年版。

[5] 钮先钟：《西方战略思想史》，广西师范大学出版社 2003 年版。

[6] 刘洋、秦龙：《战略学和历史学视角下的国家海洋战略研究》，载《大连海事大学学报（社会科学版）》2015 年第 1 期。

[7] [英] 保罗·肯尼迪：《英国海上主导权的兴衰》，沈志雄译，人民出版社 2014 年版。

[8] [美] 乔治·贝尔：《美国海权百年：1890—1990 年的美国海军》，吴征宇译，人民出版社 2014 年版。

[9] 蒋百里：《国防论》，岳麓书社 2010 年版。

[10] [瑞士] 若米尼：《战争的艺术》，盛峰峻译，武汉大学出版社 2014 年版。

[11]（宋）李焘：《续资治通鉴长编》，中华书局 2004 年版。

[12] [美] A. T. 马汉：《海权对历史的影响（1660—1783）》，安常容、成忠勤译，解放军出版社 1998 年版。

[13] 刘洋：《基于海权论思想的国家海洋战略》，载《大连海事大学学

报（社会科学版）》2012 年第 5 期。

[14] [加] 威廉·查尔斯·亨利·伍德：《旗与舰：英国海军怎样赢得海洋霸权》，杨阳、丁丁译，北京理工大学出版社 2013 年版。

[15]《国际条约集（1934—1944）》，世界知识出版社 1961 年版。

[16]《国际条约集（1948—1949）》，世界知识出版社 1959 年版。

[17] 倪玉平、邹逸麟：《中国运河志·通运》，江苏凤凰科学技术出版社 2019 年版。

[18] 姚冠新、黄杰：《充分挖掘大运河历史凝练的精神文化》，载《新华日报》2019 年 10 月 15 日。

[19] 郑剑玲：《当代中国海洋文化发展力与 21 世纪海上丝绸之路建设》，载《创新》2017 年第 4 期。

[20] 国家信息中心“一带一路”大数据中心：《“一带一路”大数据报告（2017）》，商务印书馆 2017 年版。

[21] 现代舰船：《大国重器：现代舰船精华本（航母篇）》，机械工业出版社 2013 年版。